U0311129

便民圖纂校注

〔明〕鄺璠 撰
石聲漢 康成懿 校注

中華書局

圖書在版編目(CIP)數據

便民圖纂校注/〔明〕鄺璠撰;石聲漢,康成懿校注. —北京:中華書局,2021.1
ISBN 978-7-101-14954-8

Ⅰ.便… Ⅱ.①鄺…②石…③康… Ⅲ.農學-中國-明代 Ⅳ.S-092.48

中國版本圖書館 CIP 數據核字(2020)第 253671 號

責任編輯:王 勖

便民圖纂校注

〔明〕鄺 璠 撰

石聲漢 康成懿 校注

*

中 華 書 局 出 版 發 行

(北京市豐臺區太平橋西里 38 號 100073)

http://www.zhbc.com.cn

E-mail:zhbc@zhbc.com.cn

北京瑞古冠中印刷廠印刷

*

850×1168 毫米 1/32 · 9½印張 · 2 插頁 · 190 千字

2021 年 1 月北京第 1 版 2021 年 1 月北京第 1 次印刷

印數:1-3000 册 定價:35.00 元

ISBN 978-7-101-14954-8

出版説明

便民圖纂是我國明代「通書」類型的農書。所謂「通書」是指按一定分類排列的簡明百科全書，它給一般人提供了日常生活各方面需要的技術。這樣的書，内容貫通一切，無所不包，用頗爲通俗的文字寫作，所以稱爲「通書」。明代以來，陸續出現許多這類「通書」，便民圖纂是其中較爲出色的一部，反映了明代蘇南太湖地區農業生産的情況。全書共十六卷，内容龐雜，記載了農藝、園藝、養畜等農業技術知識和醫藥上的民間處方，還有飲食、器用方面的知識和陰陽占卜等内容。作者（一説是編者或刻印者）鄺璠（一四六五—一五〇五），字廷瑞，河北任丘人，明弘治七年（一四九三）進士，翌年任蘇州府吴縣（今江蘇吴縣）知縣，歷官徽州同知、金華同知、瑞州知府（今江西高安縣）。

石聲漢（一九〇七—一九七一），湖南湘潭人，我國著名的農史學家、植物生理學家。一九二四年入武昌高等師範就讀，一九二八年畢業於中山大學。一九三三年赴英國倫敦大學求學，獲植物生理學博士學位。回國後歷任西北農學院、同濟大學、武漢大學教授。

一九五一年重回西北農學院，先後擔任農化系教授、植物生理生化教研室主任、古農學研究室主任。一九五五年以後，他主要致力於中國古代農業科學技術的研究和古代農書的整理研究工作，主要成果有氾勝之書今釋、四民月令校注、齊民要術今釋、農政全書校注、農桑輯要校注等。

康成懿（一九一一—一九六八），湖南衡山人，一九三四年畢業於中山大學教育心理學系。曾在廣州某中學任教，先後就職於國立編譯館、湖南商專、南嶽圖書館。一九四五年與辛樹幟先生結婚，一九五〇年隨辛樹幟來到西北農學院，先在校圖書館就職，一九五六年西北農學院古農學研究室成立後一直在研究室工作。

石聲漢、康成懿整理的便民圖纂校注，一九五九年十一月由農業出版社出版，自一九八二年後久未重印，爲滿足各界的需要，我局决定再版此書。此次出版依據農業出版社一九八二年三月第三次印本重排，在編輯加工過程中我們發現，囿於當時的技術條件，整理時所用底本及校本均係人工鈔寫複製，造成魯魚亥豕之誤較多。本着對讀者負責的态度，我們重新核對了底本和校本，根據核查結果對校記做了相應的調整、修改，改正了原書中的部分排印錯誤。特此説明。

本書的出版得到石聲漢先生家屬大力支持，謹致謝忱！

中華書局編輯部

二〇二〇年十月

序

辛樹幟

我院爲響應黨和政府整理祖國農業遺産的號召，於一九五六年成立「古農學研究室」，準備將祖國的幾部大農書，作一系列的整理。當康成懿同志在校對農政全書所徵引的文獻工作中，發現該書引用便民圖纂資料不少，苦於無原書對照。嗣承南京農學院萬國鼎教授，借予便民圖纂抄本（抄自北京圖書館），核校之餘，總計該書引便民圖纂的有序文一篇，其他資料百三十餘則：内標明「圖纂曰」五十餘則，徵引圖纂而未標明者計七十餘則（内亦有與多能鄙事同者）；誤題「王禎曰」或「農桑通訣曰」，而實出自圖纂者八則。古農學研究室同志爲使人知道農政全書文獻的真實與精確，便決計先行整理便民圖纂一書。

是書我曾粗讀一遍，覺其文詞通俗，條貫分明，在有明一代通書中，誠如歐陽鐸所敍：「今民間傳農、圃、醫、卜書，未有若便民圖纂，識本末輕重，言備而指要也。」以此亦知當時流傳民間較廣。卷九、卷十全屬「祈禳」、「涓吉」迷信之類，不加整理，姑全其真。卷三耕穫，卷五、卷六樹藝，卷十四牧養，卷十五、卷十六製造，則均有其一定的價值。醫藥衛生部份，亦有其獨到處。

一九五七年正月，我在北京參加政協會議，始知中華書局委托章熊先生正準備作同一工作，我即與章熊先生協商合作，由古農學研究室石聲漢主任作全面分析及作關於農藝畜牧等部份的校記注解，章熊先生整理醫學部份並作該部份校注。康成懿同志負抄校標點等責任。經他們三位的分工合作，費時六月，稿始完竣。是書抄自北京圖書館善本閱覽室，爲明嘉靖本，字句間有蟲蝕漫漶處，圖亦不精。幸承鄭振鐸先生借予家藏萬曆本，得完成校對任務。又承允借萬曆本攝圖製版，適原書寄去上海，正在等待，而鄭先生不幸逝世。憶前曾致書鄭先生請其代作一序，如無暇日，即以彼所發表於人民日報上的「鄭播：便民圖纂」一文代序。現謹將鄭先生原文録後：

漫步書林

西諦

鄭播：便民圖纂

這部書很有用，但不多見。錢曾讀書敏求記云：「便民圖纂不知何人所輯。鏤板於弘治壬戌（公元一五〇二年）之夏。首列農務、女紅圖二卷。凡有便於民者，莫不具列。

爲人上者，與豳風圖等觀可也。」章鈺云：「明史藝文志：農家類鄺璠便民圖纂十六卷，是書爲璠撰無疑。同治蘇州府志名宦：璠字廷瑞，任邱人，進士。弘治七年（公元一四九四年）知吴縣，循良稱最。」（敏求記校證卷三之中）我所藏的一部明萬曆癸巳（公元一五九三年）刊的便民圖纂，于永清序上就説：「鄺廷瑞氏便民圖纂，自樹藝、占法以及祈涓之事，起居、調攝之節，蒭牧之宜，微瑣製造之事，攟摭該備，大要以衣食生人爲本。是故繪圖篇首而附纂其後。歌咏嗟嘆以勸勉服習其艱難。一切日用飲食治生之具，展卷臚列，無煩咨諏。所稱便民者非耶？」北京圖書館也藏有一部嘉靖甲辰（公元一五四四年）藍印本，有歐陽鐸、吕經二序，黄貽道、王貞吉二跋。惟弘治原刊本則未見。嘉靖本爲十六卷。萬曆本則只有十五卷。蓋以萬曆于永清本，把農務、女紅二圖並作一卷了。其餘耕穫類（麻屬附）、桑蠶類、樹藝類（二卷）、雜占類、月占類、祈禳類、涓吉類、起居類、調攝類、牧養類及製造類（二卷）等，凡十一類十四卷，則嘉靖、萬曆二本皆同，文字也没有什麽歧異。（樹幟按：鄭先生或因公忙，未詳細互校嘉靖與萬曆兩本，實際上二書字句有分歧處，詳校注。）惟嘉靖本的農務、女紅圖甚爲粗率，有的幾乎僅具依稀的人形。萬曆本的插圖，則精緻工麗，儀態萬方，是這個時代的最好的木刻畫之一。農務凡十五圖，女紅凡十六圖，出於傅汝光、李楨、李援、曾中、羅錡諸人所刻。他們都是這時代的北方刻工之良者。這個耕織圖，可信是從宋代樓璹的本子出來的。鄺璠題云：「宋樓璹舊製耕織圖，大抵與吴俗少異。其爲詩又非愚夫愚婦之所易曉。因更易數事，系以吴歌。其事既易知，其言亦易入。用勸於民，則從厥攸好，容有所感發而興起焉者。」他所撰的吴歌的確平暢易曉，特别是用了山歌體，吴人是會隨口歌之的。像下壅云：「稻禾全靠糞澆根，豆餅河泥下得勻。要利還須着本做，多收還是本多人。」於施肥的功效説得簡單而明了。又像餵蠶云：「蠶頭初白葉初青，餵要勻調採要勤。到得上山成繭子，弗知幾遍吃辛艱。」這些都是可以順口歌唱出來的。樓璹寫的耕織圖詩，四庫全書總目提要曾加以著録，却没有圖。今所見的耕織圖的刻本，當以此書所附的農務、女紅二圖爲最早了。耕穫類的開宗明義第一章便是「開墾荒田法」：「凡開久荒田，須燒去野草、犁過。先種芝麻一年，使草木之根敗爛；後種五穀，則無荒草之害。蓋芝麻之於草木，若錫之於五金，性相制也。務農者不可不知。」如果這個法子試之有效，則對於今天開墾荒地的農民是有很大的好處的。在調攝類裏，有治鼓脹（血吸蟲病）方三。不知中醫們知道不知道，有没有用過。這於南方好幾省的農民們關係很大，故録之如下：「〔紫蘇子湯〕　蘇子（一兩）、大腹皮、草果、厚朴、半夏、木香、陳皮、木通、白术、枳實、人參、甘草（各半兩），水煎，薑三片，棗一枚。　〔廣茂潰堅湯〕　厚朴、黄芩、益智、草豆蔻、當歸（各五錢）、黄連（六錢）、半夏（七錢）、廣茂、升麻、紅花(炒)、吴茱萸(各二錢)、甘草(生)、柴胡、澤瀉、神麯(炒)、青皮、陳皮(各三分),渴者加葛根(四錢)。每服七錢,生薑三片,煎服。〔中滿分消丸〕黄芩、枳實(炒)、半夏、黄連(炒,各五錢)、薑黄、白术、人參、甘草、猪苓(各一錢)、茯苓、乾生薑、砂仁(各二錢)、厚朴(製一兩)、澤瀉、陳皮(各三錢)、知母(四錢),共爲末,水浸蒸餅,丸如桐子大,每服百丸,焙熱,白湯下。」這部書的全部都可以説是適合於農民們日常應用的,與「居家必用」至少有半部是爲學士大夫們所適用的不同。我想,雖然其中不免有迷信禁忌之語,但大體上是「便民」的,也應該加以整理後印出,供農業部門和醫藥衛生部門等專家們的參考。

這一部書的整理,既得萬曆本校核,又得萬曆本精緻工整之圖製版,已達完善之境。鄭先生一生關心祖國農業文獻之收集,我謹代表我們農學界向鄭先生永存的精神致敬!現鄭先生之遺書,已贈北京圖書館,承趙萬里先生及中華書局上海編輯所的幫助,得借攝影製版。謹致謝忱。

一九五九年五月於西北農學院

試論便民圖纂中的農業技術知識

石聲漢

便民圖纂，當行出色地代表着明代「通書」這一個類型的農書。

所謂「通書」，是一些分類排列的簡明百科全書，它供給一般人以日常生活各方面需要的技術知識。這樣的書，內容貫通一切，無所不包，尋常又都用頗爲通俗的文字寫作，所以稱爲「通書」。我們祖國，向來是一個農業國家，農村人口比例很大，因此「通書」一向也有兩個類型：第一個類型，以城市的小市民日常生活爲主題；另一個，則以農村生活爲主題。因爲第二類型的通書，包含有許多關於農業生産的技術知識，我們便將它歸入「農書」這一個體系之内。這兩個類型的通書，共同具有的内容，有食物的加工與製造，簡單的醫療調護，家庭小用具的製備、保護與整理，……還有占候、厭勝……等一大套迷信唯心的紀述，在過去的社會生活中，這些問題，往往都必需由每個人家自行解決。解決這些問題所需要的知識，不是聖經賢傳中的「經綸大業」，也不見於文人雅士們「儒雅風流」的著述中，便只有靠通書來聚集流傳。明代以來，陸續出現了許多部這類通書，其中有兩部，名爲居家必備與多能鄙事，由這兩個書名，也約略可以説明通書的内容與意義。

便民圖纂，比較上還是一部晚出的通書。著者鄺廷瑞（正德進士）雖是河北人，但因爲他在江南作官，對於太湖區域的農村家庭情況，頗爲熟悉，所以書的内容，顯明地屬於江南農業的系統：即以種水稻的澤農爲主業、蠶桑爲重要副業的農業生産體制。十六卷書中，文字部份占十四卷，前兩卷則是農桑兩方面的圖畫。兩卷圖，絶大部份以南宋樓璹的耕織圖爲根據；不過，樓璹原來有很工整典雅的古體耕織圖詩，都換成了民間形式的吴歌，以「求通俗易曉」。這一個走羣衆路綫的大膽嘗試，是便民圖纂最突出的特點。對鄺廷瑞的大膽，我們雖還不能用「革命」或「叛階級」之類的話來表示，但很明顯地，他却有「便民」——即面向羣衆——的決心。這就是它所以當行出色的特點之一。

便民圖纂的十四卷文字敍述，大部份是鈔録或節引已有各書，總結編纂而成。但也有些很獨到的乃至於創造性的材料。例如第三卷，關於水稻栽培，從「耕墾」「治秧田」起，所有施肥（「肥壅」）、準備種子（「收種」「浸種」）、插秧、除草（「耘盪」）——即王禎農書中的「耘盪」）、收稻到舂成米儲藏（「藏米」），有一整套細緻全面而簡明的敍述，是元代三部農書（農桑輯要、農書、農桑衣食撮要）中所没有的，其中推薦用「冬舂」的方法，避免稻穀在儲藏中發芽所引起的虧折，是一件很值得注意的事。又像卷六關於蔬菜的栽培，也有許多原始資料，很可寶貴。

綜括地檢對便民圖纂這十四卷文字敍述，我們可以歸納出這幾個方面：

（一）農業生産技術知識：圖纂卷三、四、五、六和十四，題名是「耕穫類」（卷三）、「桑蠶類」（卷四）、「樹藝類」（卷五卷六）和「牧養類」（卷十四）。一共有五整卷，都是關於農業生産的技術知識，占全書文字部份的三分之一以上。我們將它歸入農業體系，便是根據這一點。在其他通書類型的農書中，農業生産技術所占比例，是没有達到這種情況的。這五卷中，耕穫是糧食、油料、纖維等作物的栽培；樹藝的兩卷，一卷是「諸果花木」，一卷是「諸色蔬菜」。齊民要術的著者賈思勰將花卉栽培排斥出農業範圍之後，由南北朝經過唐、宋、元，大家都遵守了這個成規。明初俞貞木作種樹書時，才將花卉和果樹並列起來。同時及此後的書，如多能鄙事和羣芳譜之類，也都將花卉和其他有用植物一律看待。便民圖纂依從了明代的這個新通例，也收有關於栽花的技術，——大部份是根據種樹書和多能鄙事的。其餘作物果樹、林木、蠶桑、畜牧等方面，較早的材料，可以看出是根據元代的農桑輯要和王禎農書間接徵引的，大部份仍是出自種樹書與多能鄙事這兩部書。有些材料，特别是關於嫁接的（如棗樹上接葡萄，楝樹上接梅花之類），近來常有人徵引。究竟俞貞木是得自傳聞，還是出之想象，還是自己體會錯誤了？我們不能斷定。在没有得到親身實踐的真實根據以前，我們還得存疑。

(二)食品製造:圖纂卷十五「製造類上」,包括有「茶湯」、酒、醋、醬、乳製品、脯臘、烹調、醃漬及鮮乾果貯藏等各種方法,一部份根據元代三部農書摘録,大多數出自多能鄙事。不過多能鄙事的排列很紊亂,圖纂却作了系統分明的整理,在内容上還作了一些補充。

(三)醫藥衛生:圖纂卷十二和十三,收集了一些有關醫療調攝的藥方。大致是按内、外、婦、兒四科,分風、寒、暑、濕等三十門,共載藥方約二百五十道。這些藥方,大部份是從宋、元、明醫書中摘録而來,只是藥味和分兩,稍有出入。雖然成方不一定能治百病,但在當時農村醫藥設備很差的情況下,也還有些實用價值。

(四)家庭日用品的製備、保全和整補:圖纂「製造類下」,是衣物、書畫……等的調製、保護、修補、清潔……等方法。大部份也出自多能鄙事。

(五)氣象預測:圖纂卷七,題名「雜占類」,内容是氣象預測,幾乎全部根據田家五行這部小書。田家五行,舊題「宋婁元禮著」,但書中「十一月類」引有「農桑輯要云」,又拾遺中有「幼聞父老言,前宋時平江府……」,可見不是元代至元以前的書。這部書,引了大量吳諺作證,是地道的江南地區情況。其中有些預測,是根據老農們的實際經驗推斷的,也有不少是「穿鑿附會」之辭。今日各地區的農諺中,也有很大分量的氣象預測材料。這一類材料，都必需經過長期細緻的整理分析，才可以瞭解它們的有用程度。

（六）占卜：卷八、卷九、卷十，題爲「月占」、「祈禳」、「涓吉」三類的，則全是迷信唯心的東西。這些神秘荒唐的玩意兒，特別是漢代得到了朝廷的獎勵與培植之後，在我國大衆的生活中，佔着頗重要的地位。多能鄙事裏面所總結的材料，佔了十二卷中的五卷，和便民圖纂的十六分之三比較起來，圖纂已不算是「富於迷信資料」的了。雖然爲了保存原書本來面目没有删除，但是决不推薦這些東西——恰恰相反，我們認爲任何有些常識的人，都會一笑置之，連批判也不必要。

一九五七年八月六日於西北農學院古農學研究室

新校便民圖纂序

夫有生必假物以爲用，故雖細民，必有所資。百工制物，五材並用，而聖人寔作之。雖有巧慧，不能臆創；雖有彊敏，不能自食。是故業有世守，其人無貴賤，皆足爲師；藝有顓門，其言無精粗，皆足爲經。兩之伍之，異〔一〕事而同功。然當其無用，三家之市猶自給焉。一物適屈①而須者方急，通都大邑病矣。況知有所弗逮，力有所弗豫。一人之身，而取辦于倥偬僻陋之際，奚以濟哉？仁人知民用之不可已也，平其政矣，猶曲爲之慮：將無弛若具、逆若時，而徒從事者邪？將無觸凶蹈禁、恣耆欲、昵邪説，而戕其生者邪？將無不若物性，以墮其樹事畜事者邪？之誠不藝，乃其説具在，會稡②而提其要，使夫人得比類而求，庶其少濟乎？此固仁人之心哉。今民間傳農、圃、醫、卜書，未有若便民圖纂，識本末輕重，言備而指要也。農務、女紅，有圖、有詞，以形其具，以作其氣。有耕穫、蠶織，以盡其事。衣食之源，固宜重哉。繼之樹藝，則園圃毓草木之義，亦民用之不能闕焉者。曰禨占，曰月占，其畏天威以豫人事，然而非僭矣。祈禳：祈且禳也。涓吉：以吉行也。其諸趨避之常情，然而非褻矣。起居于格言，自養也；于忌，自衛也；于調攝，輔以醫藥也。言牧養者五十有七，言製造者百有七，若疑於煩碎，然大者乃繫耕稼，其瑣瑣又非民生所能去者。是書，余得諸吴下，明農③以來屢試之，其非虚語哉！侍御少岳陳君維一，按廣右④，振揚風紀，官治肅給。行部，以六條察吏至潯，有治迹。進其守王子貞吉，授是編，刻焉。惟國家勸課農桑有詔，陰陽若醫有學，職爲民故，而有司或末視之。况廣西遠中國，俗尚弋獵，鮮事耕織；疾病不知醫藥，貧於禱祀，夭於巫覡者，其常也；盜賊又不與焉！少岳蓋傷之。是役也，以正令典，以通民志，自淺近要切者，以達於廣大悠久。嗚呼仁哉！

嘉靖甲辰，秋八月乙未，賜進士通議大夫吏部右侍郎致仕泰和石江歐陽鐸序。

校記

〔一〕「異」：嘉本漫漶，依萬本補。

注解

①「屈」：借作「絀」用。

②「猝」：借作「萃」用。

③「明農」：即講明農學。

④「廣右」：廣右即廣西。

便民圖纂叙

嘉靖丁亥冬，翻刊便民圖纂成。或曰：「今明詔禁刻書，若此者無乃違禁乎？」經曰：「大哉王言，非尋常所可測也！」或曰：「何與？」「夫書之於民，猶植之於瞽；綸音云爾，得非以不急與無益之言，加災於木而病民者紛紛乎？便民圖纂果因而可止邪！則夫見刖廢屨、因噎廢食者，亦何怪是書也。兄〔一〕我有生，皆不可無。如衣食資於耕種蠶桑，彼則標揭於首；天下外此以務衣食者，誰邪？曰雜占，曰祈涓，及起居、調攝，以至牧養、製造之類，民生一日不能已者，皆精擇而彪分昭列焉。故它書可缺，此書似不可缺；況滇國之於此書，尤不可缺，是豈可一例禁邪？蓋上之懲病民之弊，正所以爲利民之圖耳，豈拘拘而爲之者哉？經所以將順而干冒爲之。匠用公役，梓用往年試録及曆日板可者。」或聞之亦悦。遂布諸民。原本出三厓歐陽氏。若託始，則任丘鄺廷瑞氏，選刻於吴者。

雲南左布政使北地九川①吕經書。

校記

〔一〕「兄」：疑「凡」或「況」之誤。

注解

①「九川」：「九川」係呂經之號。

便民圖纂目録

便民圖纂卷第四

便民圖纂卷第五

便民圖纂卷第六

便民圖纂卷第七

便民圖纂卷第八

便民圖纂卷第九

便民圖纂卷第十

便民圖纂卷第十一

便民圖纂卷第十二

便民圖纂卷第十三

便民圖纂卷第十四

便民圖纂卷第十五

製造類上……二一五

便民圖纂卷第十六

校記

〔一〕便民圖纂卷第二女紅之圖，萬本與便民圖纂卷第一農務之圖合爲一卷。

〔二〕「豇」：嘉本原作「紅」，依正文及萬本改。

〔三〕「菊」：萬本作「菊花」。

〔四〕「冬」：萬本作「東」，按「冬」字不誤。

〔五〕「荷」：嘉本作「苛」，依萬本改。

〔六〕「凡十一條」：萬本缺此四字。

〔七〕「舍」：萬本譌作「合」。

〔八〕「舵」：萬本作「舵」。

〔九〕「法」：嘉本脱「法」字，依萬本及正文補。

〔一〇〕「抱」：萬本作「揥」。

〔一一〕「病」：嘉本原作「瘡」，依正文改。

〔一二〕「縮」：萬本作「宿」。

〔一三〕「鷄」：嘉本原作「鵝」，據正文及萬本改。

〔一四〕「去」：嘉本原作「法」，據正文改。

〔一五〕「墨」：嘉本誤作「畫」，據正文改作「墨」。

〔一六〕「朱」：萬本作「硃」。

〔一七〕「虱」：嘉本原作「風」，殆「虱」之誤，依正文改。虱字正寫應作「蝨」。下一「虱」字同改，不另出校。

〔一八〕「逐鬼魅法」：萬本脱漏。

注解

①「脩」：乾肉也。

題農務女紅之圖

宋樓璹舊製耕織圖大抵與吴俗少異其為詩又非愚夫愚婦之所易曉因更易數事系以吴歌其事既易知其言亦易入用勸於民則從厥攸好容有所感發而興起焉者人謂民性如水順而導之則可有功為吾民者顧知上意嚮而克於自效也歟

浸種

竹枝詞

三月清明浸種天，去年包裹到今年。日浸夜收常看管，只等芽長撒下田。

耕田

竹枝詞

翻翻耕須是力勤勞，纔聽雞啼便出郊。耙得了時還要耖，工程限定在明朝。

耖田

竹枝詞

耙過還須耖一番，田中泥塊要勻攤。攤得勻時秧好插，插攤弗勻時插也難。

布種

竹枝詞

初發秧芽未長成，撒來田裏要均平。還愁鳥雀飛來喫，密密將灰蓋一層。

下壅

竹枝詞

稻禾全靠糞澆根，豆餅河泥下淂勻。要利還須着本做，多收還是本多人。

插蒔

竹枝詞

芒種纔交插蒔完，何須勞動勸農官。今年覺似常年早，落得全家盡喜歡。

摥田

竹枝詞

草在田中沒要留，稻根須用摥扒搜。摥過兩遭耘又到，農夫氣力最難偷。

耘田

竹枝詞

揚過秧来又要耘，秧邊宿草莫留根。
治田便是治民法，惡箇袪除善箇存。

車戽

竹枝詞

脚痛腰酸曉夜忙，田頭車戽響浪浪。高田車進低田出，只願高低不做荒。

收割

竹枝詞

無雨無風斫稻天
斫歸場上便心寬
收成須趂晴明好
禁也乾時来也乾

打稻

竹枝詞

連枷拍拍稻鋪場，打落將來風裏揚。芒頭秕穀齊揚去，粒粒琭珠著斗量。

牽礱

竹枝词

大小人家盡有收，盤工做米弗停留。山歌唱起齊聲和，快活方知在後頭。

舂碓

竹枝词

大熟之年處處同，田家米臼弗停舂。行到前村并後巷，只聞篩簸鬧叢叢。

上倉
竹枝詞
秋成先要納官糧好米將來送上倉鋪過青由方是了別無私債掛心腸

田家樂
竹枝词
今歲收成分外多更無官府沒差科大家喫得醺醺醉老瓦盆邊拍手歌

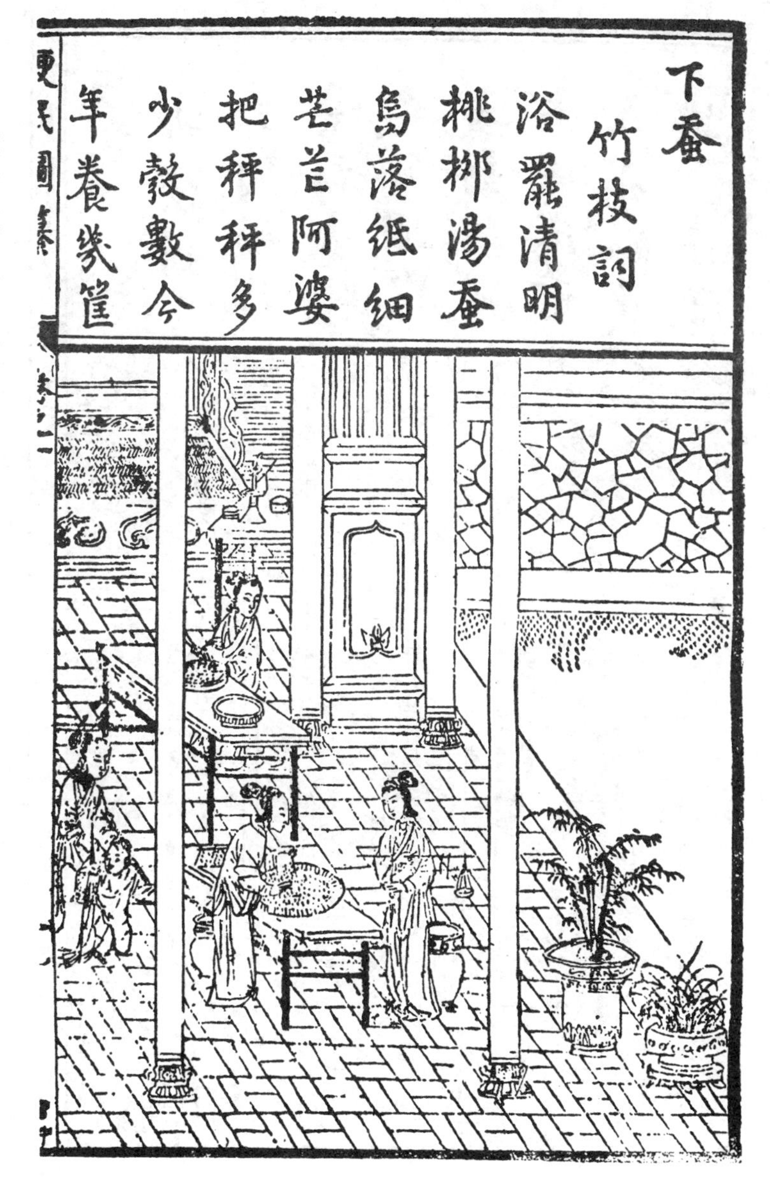
下蚕
竹枝詞
浴罷清明桃柳湯蚕烏落紙细茸茸阿婆把秤秤多少穀數今年養幾筐

餵蚕

竹枝詞

蚕頭初白葉初青，餵要匀調採要勤。到得上山成繭子，稱知幾遍喫辛艱。

蚕眠

竹枝詞

一遭眠了两遭眠
蚕過三眠遭數全
食力旺時頻上葉
却除隔宿換新鮮

採桑

竹枝詞

男子園中去採桑只因女子餵蚕忙蚕要餵時桑要採事須分當兩相當

大起

竹枝词

守過三眠大起時，再拚七日費心機。老蠶正要連遭餵，半刻光陰難受饑。

上簇

竹枝詞

蚕上山時透體明，吐絲做繭自經營。做得繭多齊唱采，一春勞績一朝成。

炙箔

竹枝詞

蚕性從来最怕寒，筐筐煨靠火盆邊。一心只要蚕和暖，囊裡何曾惜炭錢。

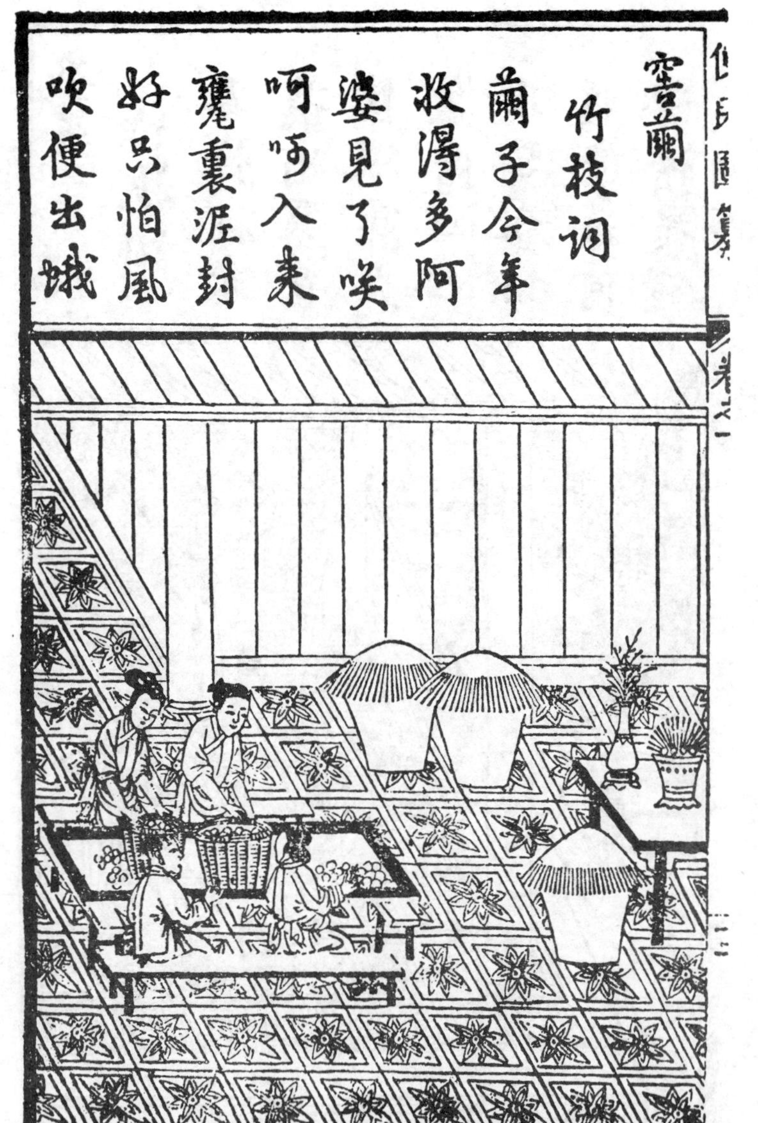

窖繭
竹枝詞
繭子今年
收得多阿
婆見了喜
呵呵入來
甕裏泥封
好只怕風
吹便出蛾
便民圖纂
卷之一
十三

繅絲

竹枝詞

煑繭繅絲手弗停，要分粗細用心情。上路細絲增價買，粗絲賣得價錢輕。

蚕蛾

竹枝詞

一蛾雌對一蛾雄，也是陰陽氣候同。生下子来留做種，明年出產在其中。

祀謝

竹枝词

新絲繰得謝蚕神，福物堆盤酒满斟。老小一家齊下拜，紙錢便把火来焚。

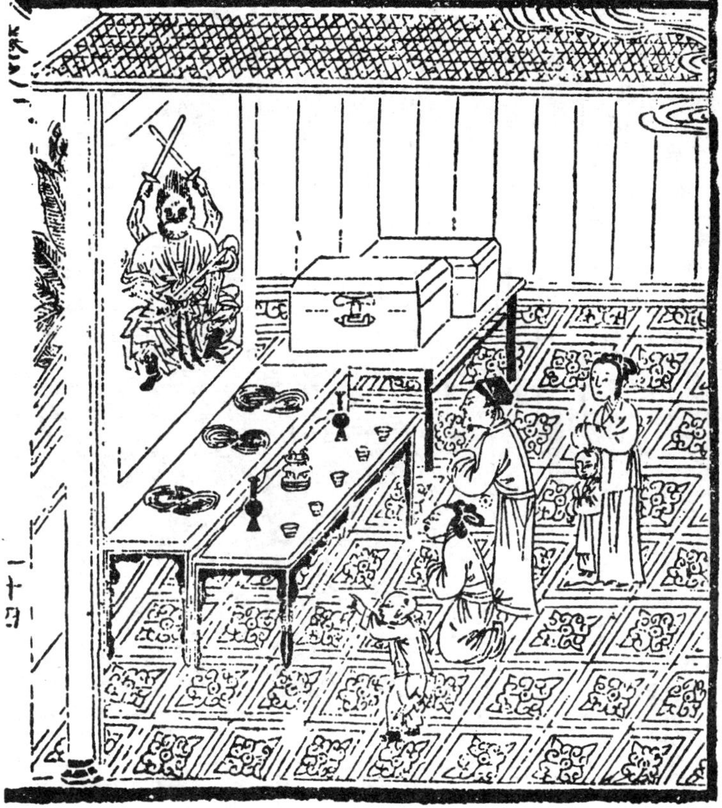

絡絲

竹枝詞

絡絲全在手輕便
只費工夫弗費錢
粗細高低齊有鬧
斷頭須要接連牽

經緯

竹枝词

經頭成捆緯成堆織作翻嫌無了時只為太平年世好弗曾二月賣新絲

織機

竹枝詞

穿篾纔完便上機，手攛梭子快如飛。早晨織到黄昏後，多少辛勤自得知。

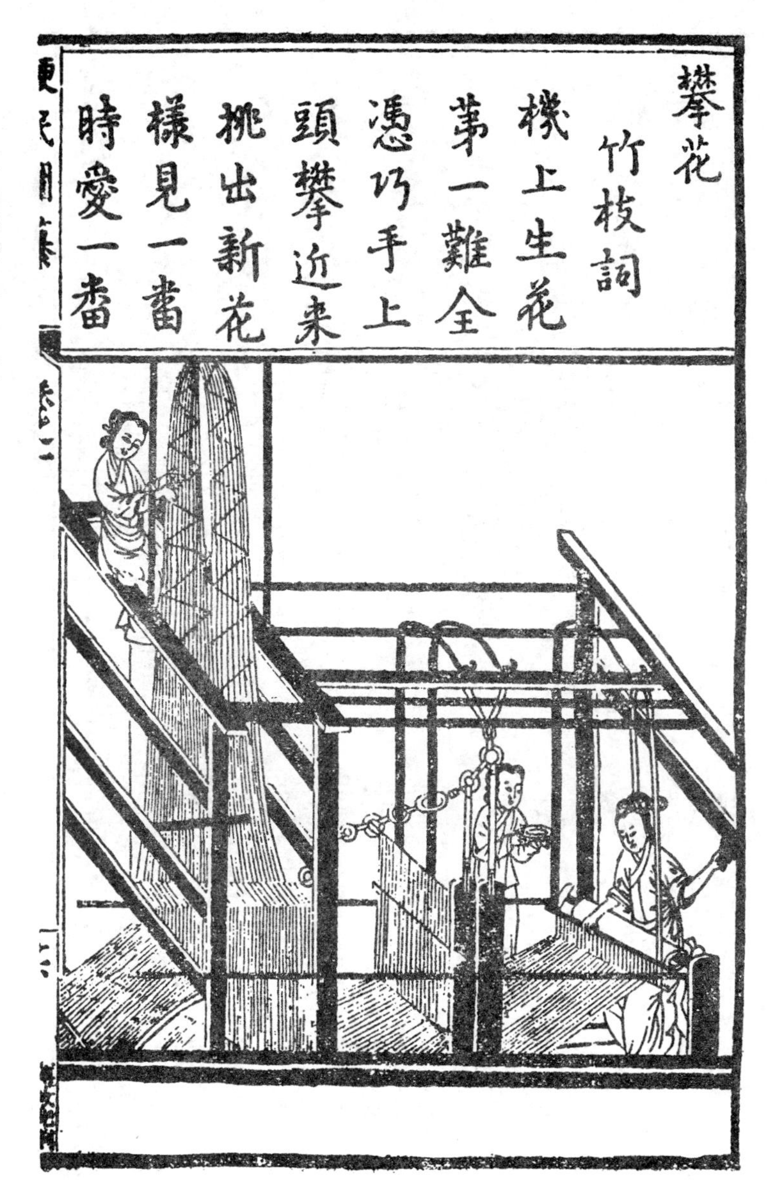
攀花
竹枝詞
機上生花第一難全憑巧手上頭攀近来挑出新花樣見一番時愛一番

剪製

竹枝詞

絹帛綾紬疊滿箱將來裁剪做衣裳公婆身上齊完備剩下方纔做與郎

便民圖纂卷第三

耕穫類麻屬附

開墾荒田法 凡開墾[一]荒田，須燒去野草、犁過。先種芝麻一年，使草木之根敗爛，後種五穀，則無荒草之害。蓋芝麻之於草木，若錫之於五金，性相制也。務農者不可不知。

耕田法 春耕宜遲，秋耕宜早。宜遲者，以春凍漸解，地氣始通，雖堅硬强土，亦可犁鋤。宜早者，欲乘天氣未寒，且[二]陽和之氣，猶[三]在地中故也。

治秧田 須殘年開墾，待冰凍過，則土酥，來春易平，且不生草。平後，必晒乾，入水澄清，方可撒種，則種不陷土中，易出。

壅田 或河泥，或麻豆餅，或灰糞。各隨其地土所宜。

收稻種 稻有粳糯，常歲别收。選好穗純色者晒乾，揀去莠稗，篩簸净，用稻草包裹。每包二斗五升或三斗，高懸屋梁，以防鼠耗。每畝計穀一斗。然種必多留，以備缺用。

浸稻種 早稻清明前，晚稻穀雨前，將種包投河水内，晝浸夜收，其芽易出。若未出，用草盦之。芽長二三分許，拆開抖鬆，撒田内。撒時必晴明，則苗易竪，亦須看潮候，二三日後，撒稻草灰於上，則易生根。

插秧 插秧在芒種前後，低田宜早，以防水澇；高田宜遲，以防冷侵[四]。拔秧[五]就水洗根去泥，有稗草即揀出。每作一小束，插蒔耕熟水田内，約五六莖爲一叢，六稞爲一行，稞行宜直，以利耘摥[六]。又宜淺插則易發。

摥稻 俟稻初發時，用摥杷[七]於稞行中摥去稗草，則易耘，搜鬆稻根，則易旺。

耘稻 摥稻後，將灰糞或麻豆餅屑，撒入田内。用手[八]耘去草净。近秋放水，將田泥塗光，謂之稿稻[九]；待土迸裂，車水浸之，謂之還水。穀成熟，方[一〇]可去水。

收稻 寒露前後收早稻，霜降前後收晚稻。

牽礱 稻登場，用稻床打下穀，晒乾[一一]颺净。以土築礱牽下，簸去糠秕，篩穀令净，待舂。

舂米 殘年内舂白者，謂之冬舂，其米圓净。若來春舂則米穀發芽，甚是虧折。

藏米 將稻草去穀，紮囤[一二]收貯白米，仍用稻草蓋之，以收氣水[一三]。踏實則不蛀，且屏[一四]熱。若板倉藏米，必用草薦襯板，則無水氣。若藏糯米，勿令發熱。

種大麥 早稻收割畢，將田鋤成行壠，令四畔溝洫通水。下種，以灰糞蓋之。諺云：「無灰不種麥」，須灰糞均調爲上。

種小麥 須揀去雀麥草子，簸去秕粒。在九、十月種。種法與大麥同。若太遲，恐寒鴉至，被食之，則稀出少收。

收麥 麥黄熟時，趁天晴，着緊收割。蓋五月農忙，無如蠶麥。諺云：「收麥如救火」，若遲慢，恐值雨災傷〔一五〕。

藏麥 三伏日晒極乾，帶熱收。先以稻草灰鋪缸底，復以灰蓋之。不蛀。

種蕎麥 立秋前後漫撒種，即以灰糞蓋之；稠密則結實多，稀則結實少。若種遲，恐花經霜不結。

種大豆 鋤成行壠，春穴下種。早者二月種，四月可食，名曰梅豆。餘皆三四月種。地不宜肥，有草則削去。

種黑豆 三四月間種，其豆亦可作醬及馬料。

種菉豆 宜四月。

種豌豆 諸豆中，惟此耐陳，且多收早熟。近城郭處，摘豆角亦可賣。在八月間種。

種蠶豆 八月初種，地尤不可肥。

種豇豆 種有紅白，穀雨後種，六月收子。收來便種，再生。八月又收子，一年兩熟。

種赤豆 三月種，六月旋摘。遲者，四月種亦可。

以上種法，俱與大豆同。

種白扁豆　一名沿籬豆。清明日下種，以灰覆之，不宜土覆。芽長分栽，搭棚引上。

種芝麻　宜肥地種。三月爲上時，每畝用子二升。上半月種則莢多，白者油多。四五月亦可種。

種黄麻　古云：「十耕蘿蔔九耕麻。」地宜肥熟，須殘年開墾，俟凍〔一六〕過則土酥，來春鋤成行壠。正月半前後下種，種子取斑黑者爲上。撒後，以灰蓋〔一七〕之，密則細，疎則麄。布葉後，以水糞澆灌，澆時須陰天，恐葉焦死。亦不可立行壠上，恐踏實不長。七月間收子，麻布包之，懸掛則易出。

種絡麻　地宜肥濕，早者四月種，遲者六月亦可。繁密處芟去則長。

種苧麻　正月移根分栽。五月斫，爲頭苧。待長，七月斫，爲二苧。又長，九月斫，爲三苧。其根常〔一八〕留，以灰糞壅之。

種綿花　穀雨前後，先將種子用水浸片時漉出，以灰拌匀。候芽生，於糞地上，每一尺作一穴，種五、七粒。待苗出時，密者芟去，止留旺者二三科。頻鋤，時常掐去苗尖〔一九〕，勿令長太高，若高則不結子，至八月間收花。

種紅花　八月中鋤成行壠，春穴下種，或灰或雞糞蓋之，澆灌不宜濃糞。次年花開，侵晨①

採摘，微搗去黄汁，用青蒿蓋一宿，捻成薄餅，晒乾收用，勿近濕墻壁去處。

種靛 正月中，以布袋盛子浸之，芽出撒地上，用灰糞覆蓋。待放葉，澆水糞。長二寸許，分栽成行，仍用水糞澆活②。至五六月烈日内，將糞水潑葉上，約五六次，俟葉厚方割。割離土二寸許，將梗葉浸水缸内一〔二〇〕晝夜濾净，每缸内用礦灰③，色清者灰八兩、濃者九兩，以木朳打轉，澄清去水，是謂頭靛。其在地舊根旁須去草净，澆灌一如前法。待葉盛，亦如前法收割浸打，謂之二靛。又俟長，亦復如前澆灌，斫則齊根，浸打法亦同前，謂之三靛。其濾出柤④壅田亦可。

種藨草 小暑後，斫起晒乾，以備織藨。留老根在田，壅培發苗。至九月間，鋤起，劈去老根，將苗去稍，分栽如插稻法，用河泥與糞培壅。清明穀雨時，復用糞或豆餅壅之，即耘草。立梅⑤後不可壅，若灰糞〔二一〕壅之，則生蟲退色。

種燈草 種法與藨草同。最宜肥田，瘦則草細。五月斫起晒乾，以尖刀釘板櫈上，劃開。其心可點燈及爲燭心，其皮可製雨簑。

種杞柳 二月間，先將田用糞壅灌，戽水耕平。以柳鬚斷作三寸許，每人一握，隨田廣狹，併力一日齊種，頻以濃糞澆之。有草，即用小刀剜出；田勿令乾。八月斫起，削去柳皮，晒乾爲器。根旁敗葉掃净則不蛀。至臘月間，將重長小條復斫去，長者亦可爲器。

舊根常留。

校記

〔一〕「壍」：嘉本作「壍」，萬本作「久」。案作「久」是。

〔二〕「且」：萬本作「將」。

〔三〕「猶」：萬本誤作「搯」。

〔四〕「侵」：嘉本原缺，應依萬本補。

〔五〕「拔秧」：嘉本「拔秧」之上，有一「既」字，依萬本删。

〔六〕「耘搨」：即「耘盪」，見王禎農書。

〔七〕「杷」：萬本作「扒」。案作「杷」是；「扒」蓋後來新製字。

〔八〕「手」：嘉本原作「水」，依萬本改。

〔九〕「稿」：應作「熇」，即「烤」字。

〔一〇〕「方」：萬本誤作「不」。

〔一一〕「穀晒乾」：萬本誤作「芒頭風」。

〔一二〕「紮囤」：萬本作「圍囤」。

〔一三〕「水」：萬本誤作「米」，疑係水氣之誤。

〔一四〕「屏」：嘉本原作「昜」，依萬本改。

〔一五〕此則本諸韓氏直説，見農桑輯要。

〔一六〕「湅」：嘉本原作「東」，依萬本改作「湅」。

〔一七〕「灰蓋」兩字，嘉本漫漶，似「土蓋」兩字；依萬本補。

〔一八〕「常」：萬本作「當」。

〔一九〕「尖」：嘉本譌作「失」，依萬本作「尖」。

〔二〇〕「一」：萬本誤脱。

〔二一〕「糞」：萬本無「糞」字。

注解

① 「侵晨」：侵晨即「凌旦」，即天將明前後。

② 「活」：「活」字疑是「潑」字行書「泼」之譌；但「澆活」亦可解爲「澆使活」。

③ 「礦灰」：即「生石灰」。

④ 「柤」：借作「樝」字用。

⑤ 「立梅」：即「黄梅雨」開始；依「田家五行」，應在芒種節後逢壬之日。

便民圖纂卷第四

桑蠶類

論桑種 桑種甚多，不可偏舉，世所名者，荆與魯也。荆桑多椹，魯桑少椹。荆桑之葉[一]尖薄，得繭薄而絲少；魯桑之葉圓厚，得繭厚而絲多。若葉生黄衣而皺者，號曰金桑，蠶不可食，木亦易稿[二]。

栽桑 耕地宜熟。移栽時，行須要寬，横比長多一半，根下埋敗龜板一箇，則茂而不蛀。○又法：將桑根浸糞水内一宿，掘坑栽之。栽宜淺種，以芽稀者爲上。臘月正月皆可種，諺云：「臘月栽桑桑不知。」

脩桑 削去枯枝及低小亂枝條，根旁掘開，用糞土培壅，臘月正月皆宜。若不脩理，則葉生遲而薄。

壓桑 正二月中，以長條攀下，用别地燥土壓之，則易生根。次年鑿斷移栽。或云：撒子種桑，不若壓條而分根莖。

接桑　荆桑根固而心實，能久遠；魯桑根不固而心不實，不能久遠。荆桑以魯條接之，則久遠而茂盛。然接换之妙，惟在時之和融，手之審密，封繫之固，擁包之厚，使不至踈淺而寒凝也。春分前十日爲上時，前後五日爲中時，取其條眼襯青爲時①尤好。此不以地方遠近皆可準也。

斫桑　宜五月斫，不可留觜角。比及夏至，開掘根下，用糞或蠶沙培壅。此時不斫，則枝條來春不旺。

摘桑　蠶初出時，葉小如錢，宜輕手採摘，勿傷枝條；至葉大亦然。若樹高聳者，用梯扶上採之。採盡，當脩斫培養。

論蠶性　蠶之性，子在連，宜極寒；成蟻，宜極暖；停眠起，宜温；大眠後，宜凉；臨老，宜漸暖；入簇則宜極暖。

收蠶種　開簇時，擇苫草上硬繭，尖細緊小者是雄，圓慢厚大者是雌。另摘出。於通風凉房内，净箔上，單排。日數既足，其蛾自出。若有拳翅、秃眉、焦脚、焦尾、熏黄、赤肚、無尾、黑紋、黑身、黑頭，先出末後生者，悉皆揀去，止留完全肥好，同時出者。卯時取對，至未時拆開。用厚紙爲連，候蛾生子足，則移下連。若生子如環及成堆者，皆不可用。其好者須懸掛凉處，勿令煙熏日炙。

浴連　臘月八日，用桑柴灰或稻草灰淋汁，以蠶連浸之。雪水尤佳。

治蠶室　屋宜高廣潔浄，通風向陽，忌西照西風。至穀雨日，須先泥補熏乾，竪槌，勿透風氣。若逼蠶生，旋泥墻壁，則濕潤致蠶生病。正門須重掛葦簾草薦，槌箔四向，約量頓火，近兩眠則止〔三〕。

安槌　蠶至再眠，常須三箔。中箔安蠶，上下皆空置，一以障土氣，一以防塵埃。

下蟻　穀雨前後，熏暖蠶室，將連暖護，候蟻出齊，切細葉摻浄紙上，以蠶連覆之，則蟻聞香自下。有不下者，輕輕振下，不得以鵝翎掃撥。

用葉　蠶不可食之葉有三：一，承帶雨露。既濕又寒，食則變褐色，生水瀉；臨老則浸破絲囊，不可抽繅。製②之之法：芟葉實積，苫席覆之，少時内發蒸熱，審其得所，啓苫攤之，濕隨氣化，葉亦不寒，即可飼之。二，爲風日所嫣乾者，生腹結。三，浥臭者，即生諸疾。斯二者皆不可製，棄之可也。

擘黑　一云分蟻。下蟻第三日，巳、午時間，擘如小綦子大，布於箔中，可漸飼葉。晴，則略開東窗及當日背風窗。漸漸變色，隨色加減〔四〕，食至純黄，則不飼，是〔五〕謂頭眠。

齋蠶　育蠶而闌③葉者，以甘草水灑葉，次以粉米糁之，候乾與食，可度一日夜。謂之齋蠶。

論凉暖　蟻生將兩眠，蠶室宜溼暖。蠶母須著單衣，可知凉暖：自身覺寒，蠶必寒，便添熟火④；覺熱，蠶亦熱，約量去火。一眠後，天氣晴明，於巳、午時，捲起窗薦以通風日。至大眠後，天氣炎熱，却要屋内清凉，臨時斟酌寒暖。

論飼養　蠶必晝夜飼，頓數多則易老，少則遲老。初飼蟻，宜旋切細葉，食盡即飼，不拘頓數。頭眠起，晝夜可飼六頓，次日漸加。停眠起，散葉宜薄，晝夜可飼四頓，次日漸加。大眠起，散葉又宜薄，晝夜可飼三頓，次日加至七八頓。若眠齊、住食，起齊、投食。眠起不齊，而飼之者亦不齊，又多損失。每飼必匀，葉薄處再摻。倘陰雨天寒，比及飼葉，先用乾桑柴或去葉稈草一把，點火繞箔照過，煏去寒溼之氣，然後飼之則不生病。停眠至大眠，若見黄光，便擡起住食。候起齊，慢飼葉，宜薄摻。蠶白光，多是困餓，宜細飼之，猛則多傷。如蠶青光，正是蠶得食力，急須勤飼。

論分擡　蠶住食，即分擡，去其蠶沙；否則先眠之蠶，久在燠底。溼熱熏蒸，必爲「風蠶」。擡時，又宜布開，若受鬱熱，必病損多作薄繭。又蠶眠初起，若煙熏，即爲「黑死」。食冷露溼〔六〕葉，必成〔七〕白殭。食舊乾熱葉，則腹結：頭大尾尖。倉卒開門，暗值賊風，必多紅殭。每擡後，箔上蠶宜稀布，稠則强者得食；弱者不〔八〕得食，必遶箔遊走。然布蠶須手輕，不得從高摻下；如高摻則〔九〕遞相擊撞，因多不旺。簇内「懶老翁」，「赤蛹」是也。

白殭者收之，亦可備藥用。

簇蠶 蠶老時，薄布薪於箔上；散蠶訖，又薄以薪覆之。布蠶宜稀，密則熱；熱則繭難成，絲亦難繰。

擇繭 宜併手忙擇，凉處薄攤，蛾自遲出，免使抽繰相逼。宜絲宜綿者，各安置一處。

繰絲 用小釜，燃麄乾柴，候水熱，旋旋下繭。火宜慢，繭宜少，多則煮過少絲。然繰絲之訣在細、圓、匀、緊，使無褊、慢、節、核，麄惡不匀。

晚蠶 自蟻至老俱宜凉，吴中謂之冷蠶。擘黑後，須一日早辰一擡，其餘並與養春蠶同。然遲老多病，費葉少絲，不惟晚却今年蠶，又且損却來年桑。大抵不宜多養，其沙亦可爲藥用。

十體 務本新書云⑤：「寒、熱、飢、飽、稀、密、眠、起、緊、慢。」

三光 蠶經云⑥：「白光向食，青光厚飼，皮皺爲飢，黄光以漸住食。」

八宜 韓氏直説云：「方眠時宜暗，眠起後宜明。蠶小并向眠時，宜暖宜暗；蠶大并起時，宜明宜凉。向食時，宜有風，宜加葉緊飼。新起時怕風，宜薄葉慢飼。蠶之所宜，不可不知。」

三稀 蠶經云：「下蟻、上箔、入簇。」

五廣　蠶經云：「一人、二桑、三屋、四箔、五簇。」

雜忌　忌濕葉，忌熱葉，忌西照日，忌當日迎風窗。蠶初生時，忌屋内掃塵，忌煎煿魚肉，忌蠶屋内哭泣叫唤。未滿月産婦，不宜作蠶母。忌帶酒人切桑飼蠶，及擅⑦解布蠶。蠶生至老，忌煙熏，忌孝子、産婦、不潔净人入蠶室，忌近臭穢，忌酒、醋、五辛、羶、魚、麝香等物。

校記

〔一〕「荆桑之葉」下，嘉本作「小人（字占一格，中被蟲蝕，因成小人）」，應依萬本作「尖」。

〔二〕「槁」：疑是「槗」之誤。

〔三〕「止」：嘉本誤作「正」，應依萬本改。

〔四〕「減」：嘉本誤作「咸」，依萬本改。

〔五〕「是」：嘉本誤作「足」，依萬本改。

〔六〕「濕」：嘉本漫漶，依萬本補。

〔七〕「必成」：嘉本漫漶，依萬本補。

〔八〕「不」：嘉本作「丅」，依萬本改。

〔九〕「則」：嘉本原缺，依萬本補。

注解

①「條眼襯青爲時」：「條」是「枝條」；「眼」是「芽眼」；「襯青」，即自皮及芽鱗下透露出青色，亦即形成層及頂端生長點開始活動時。

②「製」：蓋借作「治」字用。

③「闌」：即「闕斷」。

④「熟火」：即「治火倉」之類，以避煙氣。見農桑輯要引士農必用曰：「蠶小喜煖怕烟，不可用生火。」

⑤務本新書、韓氏直説，均佚書；本書所引，見農桑輯要。

⑥本卷所引「蠶經云」三則，録自農桑輯要。

⑦「擅」：農桑輯要所引務本新書作「忌帶酒人切桑飼蠶，及擡解布蠶」。「擡」字較適合。

便民圖纂卷第五

樹藝類上

種諸果花木修治斫伐附

梅 春間取核，埋糞地，待長二三尺許，移栽。其樹接桃則實脆。若移大樹，則去其枝梢，大其根盤，沃以溝泥，無不活者。

桃 於暖處爲坑，春間以核埋之，蒂子向上，尖頭向下，長二三尺許，和土移種。其樹接杏最大，接李紅甘。

杏 春間埋核於土中，待長四尺許，移栽。

李 取根上發起小條，移栽別地。待長，又移栽成行。栽宜稀，不宜肥地，肥則無實。其性耐久，雖枝枯，子亦不細。此樹接桃則生桃李。

以上俱臘月移。

楊梅　六月間，取糞池中浸過核收盦，二月鋤地種之。待長尺許，次年三月移栽。三四年後，取別樹生子枝條接之，復栽於地，其根，多留宿土。臘月，開溝於根旁高處，離四五尺許，以灰糞壅之，不宜著根。每遇雨，肥水滲下，則結子肥大。

橘　正月間，取核撒地上，冬月須搭棚以蔽霜雪，至春和，撤去。待長二三尺許，二月移栽。澆忌猪糞。既生橘，摘後又澆。有蟲，則鑿開蛀處，以鐵線鈎取。然橘之種不一，惟匾橘、蜜橘味佳，湘橘耐久。

梨　春間下種，待長三尺許移栽；或將根上發起小科栽之亦可。俟幹如酒鍾大，於來春發芽時，取別樹生梨嫩條，如指大者，截作七八寸長，名曰「梨貼」。將原幹削開兩邊，插入梨貼，以稻草緊縛不可動，月餘自發芽，長大，就生梨。梨生用箬包裹，恐象鼻蟲傷損，在洞庭山用此法。

花紅　將根上發起小條，臘月移栽，其接法與梨同。摘實後，有蛀處，與修治橘樹同。三月開花結子，若八月復開花結子，名曰林檎。

栗　臘月或春初，將種埋濕土中，待長六尺餘移栽。二三月間，取別樹生子大者接之。

棗　將根上春間發起小條移栽。俟幹如酒鍾大，三月終，以生子樹貼接之，則結子繁而大。〇又法：選種好者，於二月間種之。候芽生高，則移栽。三步一株。至花開，以枝擊樹振去，則結實多。端午日，用斧於樹上斑駁敲打，則實肥大。

柿 酉陽雜俎云：「柿有七絶：一壽；二多陰；三無鳥窠；四無蟲；五霜葉可愛；六嘉實；七落葉肥大。」冬間下種，待長，移栽肥地。接及三次，則全無核；接桃枝則成金桃。

金橘 三月將枳棘接之，至八月移栽肥地。灌以糞水。

銀杏 種有雌雄：雄者三稜，雌者二稜。春初種於肥地，候長成小樹，來春和土移栽。以生子樹枝接之，則實茂。

枇杷 一名盧橘，其色寒暑無變。負雪開花，春間結子，至夏成熟，以核種之即出。待長移栽，三月宜接。

櫻桃 三四月間，折樹枝有根鬚者，栽於土中，以糞澆之即活。

石榴 三月間，將嫩枝條插肥土中，用水頻沃，則自生根。

蒲萄 二三月間，截取藤枝，插肥地；待蔓長，引上架。根邊以煮肉汁或糞水澆之。待結子架上，剪去繁葉，則子得承雨露肥大。冬月，將藤收起，用草包護，以防凍損。〇又法：宜栽棗樹邊，春間鑽棗樹作一竅，引蒲萄枝從竅中過，候蒲萄枝長塞滿竅，即斫去蒲萄根，托棗以生，其實如棗①。

藕　二月間，取帶泥小藕，栽池塘淺水中，不宜深水，待茂盛，深亦不妨，或糞或豆餅壅之則盛。

菱　重陽後，收老菱角，用籃盛浸河水内。待二三月發芽，隨水深淺，長約三四尺許。用竹一根，削作火通口樣，箝住老菱，插入水底。若澆糞，用大竹，打通節注之。

雞頭　一〔一〕名芡實。秋間熟時，收取老子，以蒲包包之，浸水中。三月間，撒淺水内，待葉浮水面，移栽深水，每科離五尺許。先以麻餅或豆餅拌匀河泥，種時，以蘆插記根處，十餘日後，每科用河泥三四碗壅之。

孛薺　正月留種。種取大而正者，待芽生，埋泥缸内。二三月間，復移水田中，至茂盛，於小暑前分種。每科離尺五許，冬至前後起之。耘耥與種稻同，豆餅或糞皆可壅。

茨菰　臘月間，折取嫩芽，插於水田，來年四五月，如插秧法種之。每科離尺四五許，田最宜肥。

西瓜　清明時，於肥地掘坑，納瓜子四粒，待芽出移栽。栽宜稀，澆宜頻，蔓短時作綿兜。每朝取螢，恐其食蔓。待茂盛，則不用。餘蔓花掐去，則瓜肥大。

牡丹　其種不一。千葉者：蜀人號爲「京花」，謂洛陽種也。單葉者：爲「川花」，一名「山丹」，宜秋分前後十日或秋分日移。勿斷其根上之鬚，栽後用糞頻澆，勿令脚踏。枝上葉如針孔，乃蟲所藏處，花工謂之「氣瘡」，以大針點硫黄末於内，則蟲死。或云：以百部草塞之。接時須二三月間，如接花樹法②。

芍藥 臘月移栽，用糞澆二三次。

木犀 四月間，將樹枝攀著地，以土壓之。至五月，自生根。一年後鑿斷，八月移栽。

海棠 其種不一。鐵梗者，色如臙脂。垂絲者，色淺。花譜云：「海棠有〔二〕色無香，唐人以爲花中神仙。」春間攀其枝著地，土壓之，自生根。二年鑿斷，二月移栽。

山茶 春間或臘月，皆可移栽。以單葉者接千葉，其花盛，其樹久。

梔子 一名薝蔔〔三〕。十月選成熟者，取子淘净曬乾，至來春三月斸〔四〕畦種之，覆以灰土，如種茄法。次年三月移栽，第四年開花結實。

瑞香 其花數種，惟紫花葉青而厚者最香。惡濕、畏日，用小便或洗衣灰水澆之，可殺蚯蚓；用梳頭垢膩壅其根，則葉緑。梅雨時，折其枝插土中，自生根，臘月春初皆可移。

百合 春二月，取根大者，擘開，以瓣種畦中，如種蒜法。雞糞壅之則盛。

罌粟 九月九日及中秋夜種之，花必大，子必滿。

芙蓉 十月間，斫舊枝條，盦稻草灰内，二月初，截作尺許長，插土中，自生根。待花開分栽。近水尤盛。

菊 其種不一，清明前分種。去老根，先將清水澆活，次用撏雞鵝毛浸水澆之，糞水亦可。夏初時，防菊虎蟲傷嫩枝。如被傷處，即掐去二三分許，則不蛀。立梅後，其蟲自無，掐去小繁蕋，則花大。菴藺可接各色。

蜀葵 二月間，漫撒種。候花開盡，帶青收其稭，勿令枯槁〔五〕，水中浸一二日，取皮作繩用。

黄葵金鳳 二月以子置手中，高撒，則生枝榦亦高。

雞冠 坐種，則矮；立種，則與人齊；手種，則花成穗；用簸箕扇子種，則成片可觀。清明時宜種。

萱草 即宜男，一名合歡花。春間芽生移栽。栽宜稀，一年自稠密矣。春剪其苗，若枸杞。食至夏，則不堪食。

水仙 收時，用小便浸一宿，曬乾，懸於當火處，種之無不發者。亦須肥地，瘦則無花，不可闕水，故名水仙。五月初浸，九月初栽。訣云：「六月不在土，七月不在房，栽向東籬下，開花朵朵香。」

薔薇 三月八月，斫取二三寸長者插土中，旁須築實。插時，不可傷損其皮，恐不生根。

菖蒲 梅雨時種石土〔六〕，則盛而細，用土則麄。

椒　「候椒熟，揀大者陰乾收子，不要手捻，包裹地内。或當時、或來年二月初，種濕潤肥地。覆以破薦，上復用泥，宜頻潤之。既生芽，去薦做棚，逐株分開，次年可移。用瓦屑、麻餅、糞灰，欹斜種之。三年後，換嫩條，方結實；若種生菜，或以髮纏樹根則辟蠅③。」

茶　二月間種。每坑下子數粒，待長移栽，離三四尺許，常以糞水澆灌，三年可摘。

椶櫚　二月間撒種，長尺許，移栽成行。至四尺餘，始可剥。每年四季剥之，半年一剥亦可。

冬青　臘月下種，來春發芽，次年三月移栽。長七尺許，可放蠟蟲。

槐　收熟槐子晒乾，夏至前，以水浸生芽，和麻子撒。當年即與麻齊。刈麻留槐，別竪木，以繩攔定。來年復種其上，三年正月移種，則亭亭條直可愛。

楊柳　順插爲柳，倒插爲楊。正二月間，取弱枝如臂大者，長尺半，澆〔七〕下頭二三寸，埋之令没。常用水澆，必數條俱生，留一茂者，別竪〔八〕木爲依主，以繩攔之。一年中即高丈餘，其旁生枝葉，即掐去，令直聳。掐去正心，則四散下垂，婀娜可愛④。

榆　類有數種，葉皆相似，皮與理則異。臘月取葉大而榦直者，盡去其枝稍，用箬包裹，連根埋之，茂盛可以障陰。

松杉檜柏　俱三月下種，次年三月分栽。

竹　五六月時，舊笋已成竹，新根未行之時，可移。齊民要術謂五月十三⑤爲「竹醉日」，可用馬糞和糠泥栽之。忌火日西風；忌脚踏，只用槌打，則次年便出笋。然種須向陽。諺云：「種竹無時，雨過便移，多留宿土，記取南枝。」若得死猫埋其下，其竹尤盛。諺云：「東家種竹，西家種〔九〕地」，此爲引笋之法。若有花輒稿〔一〇〕死，結實如稗，謂之「竹米」。一竿如此，滿林皆然。治之之法⑥：於初米⑦時，擇一竿稍大者，截至近根三尺許，通其節，以糞實之則止。

騸諸果樹　正月間，樹芽未生，於根旁寬深掘開，尋攢心釘地根鑿去，謂之「騸樹」。留四邊亂根勿動，仍用土覆蓋築實，則結子肥大，勝插接者。

脩諸果樹　正月間，削去低邪小亂者，勿令分樹氣力，則結子自肥大。

嫁果樹　凡果樹茂而不結實者，於元日五更，以斧斑駁雜斫，則子繁而不落。十二月晦日夜同。若嫁李樹，以石頭安樹丫中。

治果木蠹蟲　正月間，削杉木作釘，塞其穴，則蟲立死。

辟五果蟲　元旦雞鳴時，以火把遍照五果及桑樹上下，則無蟲。如年時有桑災生蟲，照之亦免。

止鴉鵲食果 果熟時，不可先摘，如被人盜喫一枚，則飛禽便來食之，故宜看護。

採果實法 凡果實初熟時，以兩手採摘，則年年結實。

催花法 用馬糞浸水澆之，當三四日開者，次日盡開⑧。

養花法 牡丹芍藥插瓶中，先燒枝斷處，鎔蠟封之，水浸，可數日不萎。

接花法 牡丹一接便活者，逐歲有花。若初接不活，削去再接，只當年有花。於芍藥根上接則易發；一二年，牡丹自生本根，則旋割去芍藥根，成真牡丹矣。○黄白二菊，各披去一邊皮，用麻皮紮合，其花開，半黄半白。○苦練〔二〕樹接梅，則花如墨。

治麝香觸花 凡花最忌麝香，瓜尤忌之。䐁〔三〕栽蒜薤之類則不損。○又法：於上風頭，以艾和雄黄末焚，即如初。

斫竹伐木 七月，氣全堅韌。宜辰日、庚午日、血忌日、癸卯日佳。諺云：「翁孫不相見，子母不相離。」謂隔年竹可伐，臘月斫者最妙，六月六日亦得。○凡斫松木，五更初斫倒，便削去皮，庶無白蟻。

校記

〔一〕「一」：嘉本原缺，依萬本補。

〔二〕「有」：嘉本漫漶，依萬本補。

〔三〕「萄」：疑是「葡」字。

〔四〕「斸」：嘉本漫漶，依萬本補。

〔五〕「稿」：疑當作「槁」。

〔六〕「土」：疑是「上」字。

〔七〕「澆」：萬本作「斫」，疑是「燒」字。

〔八〕「竪」：萬本譌作「堅」。

〔九〕「種」：疑「治」字之誤，見齊民要術卷五種竹第五十一。

〔一〇〕「稿」：疑當作「槁」。

〔一一〕「練」：疑係「楝」字之譌。

〔一二〕「膡」：嘉本作「膡」，字書所無。萬本作「賸」。依文義，疑當作「塍」。

注解

① 此則多本諸種樹書，「果」。

② 此則出自種樹書，「花」。

③ 此則撮録種樹書，「二月」。

④ 案此條係依齊民要術摘録。

⑤ 案齊民要術中無此説，唯見於農桑輯要所引四時類要。

⑥ 此法出農桑輯要。

⑦「初米」：即初抽穗時。竹係禾本科植物，穗狀花序與稻米相似。

⑧ 此則摘録種樹書，「花」。

便民圖纂卷第六

樹藝類下

種諸色蔬菜

薑 宜耕熟肥地，三月種之，以蠶沙或腐草灰糞覆蓋。每隴闊三尺，便於澆水。待芽發後，又揠去老薑。上作矮棚蔽日，八月收取。九十月宜掘深窖，以糠粃合埋暖處，免致凍損，以爲來年之種。

芋 其種揀圓長尖白者，就屋南簷下掘坑，以礱糠鋪底，將種放下，稻草蓋之。至三月間，取出埋肥地，待苗發三四葉，於五月間，擇近水肥地移栽，其科行與種稻同。或用河泥，或用灰糞爛草壅培，旱則澆之，有草則鋤之。若種旱芋，亦宜肥地。

蘿蔔 三月下種，四月可食；五月下種，六月可食；七月下種，八月可食。地宜肥，土宜鬆，澆宜頻，種宜稀，密則芟之，肥大。

胡蘿蔔　宜三伏内，治地作畦，若地肥則漫撒子，頻澆肥大。

油菜　八月下種，九十月治畦，以石杵舂穴分栽，用土壓其根，糞水澆之。若水凍，不可澆。至二月間，削草净，澆不厭頻，則茂盛。薹長摘去中心，則四面叢生，子多。

藏菜　七月下種，寒露前後，治畦分栽。栽時，用水澆之。待活，以清糞水頻澆。遇西風及九焦日，則不可澆。

芥菜　八月撒種，九月治畦分栽，糞水頻灌。

烏菘〔一〕菜　八月下種，九月下旬治畦分栽。

夏菘菜　五月上旬撒子，糞水頻澆，密則芟之。

菠菜　七八月間，以水浸子，殼軟撈出，控乾，就地以灰拌撒肥地，澆以糞水。芽出，惟〔二〕用水澆，待長，仍用糞水澆之則盛。

甜菜　即莙薘。八月下種，十月治畦分栽，頻用糞水澆之。

白菜　八月下子，九月治畦分栽，糞水頻澆。

莧菜　二月間下種，三月下旬移栽於茄畦之旁，同澆灌之則茂。

豆芽菜　揀菉豆，水浸二宿。候漲，以新水淘〔三〕，控乾，用蘆席灑濕襯地，摻豆於上，以濕草薦覆之，其芽自長。

生菜　八月漫撒種，待長，治畦分栽，糞水澆灌。

苦蕒　種法同上。

萵苣　種法亦同上。

萵筍　八月下種，待長移栽，以糞頻壅則肥大。

冬瓜　先將濕稻草灰，拌和細泥鋪地上，鋤成行隴，二月下種，每粒離寸許，以濕灰篩蓋，河水灑之。又用糞澆蓋，乾則澆水。待芽頂灰，於日中將灰揭下，搓碎壅於根旁，以清糞澆之。三月下旬，治畦鋤穴，每穴栽四科，離四尺許。澆灌糞水須濃。

王〔一四〕**瓜**　二月初，撒種。長寸許，鋤穴分栽，一穴栽一科。每日早，以清糞水澆之。旱則早晚皆澆，待蔓長，用竹引上。

甜瓜　種法與冬瓜同；但分栽，離三尺許。

香瓜　種法同上。或於西瓜畦中夾種，亦可。

醬瓜　種法與甜瓜同。

生瓜　種法亦與甜瓜同。

絲瓜　嫩小者可食。老則成絲，可洗鍋碗油膩。種法與下同。

葫蘆　二月間下種，苗出移栽，以糞水澆灌。待苗長，搭棚引上。

瓠　種法同上。

茭白　宜水邊深栽，逐年移動，則心不黑，多用河泥壅根，則色白。

胡荽　先將子捍開，四月、五月、七月晦日晚宜種。種宜濕地，以灰覆之，水澆則易長。

葱　種不拘時，先去冗鬚，微曬。疎行密排種之，宜糞培壅。

韭　三月下旬撒子，九月分栽。十月將稻草灰，蓋三寸許，又以薄土蓋之，則灰不被風吹。立春後，芽生灰内，可取食。天若晴暖，二月終，芽長成菜〔五〕，以次割取。舊根常留分栽，更不須撒子矣。

蒜　於肥地鋤成溝隴，隔二寸，栽一科，糞水澆之，八月初可種。

刀豆　清明時，鋤地作穴，每穴下種一粒，以灰蓋之。只用水澆。待芽出，則澆以糞水。蔓長搭棚引上。

茄　二月治畦，與冬瓜同種則漫撒。長寸許。三月移栽，栽宜稀，澆以糞水宜頻。

天茄　清明時，撒於肥地，蔓長則引上。

甘露子　宜肥地熟鋤，取子稀種。其葉上露珠滴地，一點出一珠。其根皆如連珠，須耘净方盛。

薄荷〔六〕　三月分科種之，澆用糞水，至六月間割曬，待長尺四五，再割。一年共割二次。

紫蘇 二月間撒種，長二三寸，於瓜茄畦邊種之。

山藥 先將肥地鋤鬆作坑。揀山藥上有白粒芒刺者，以竹刀切作段，約二寸許，相挨排卧種之，覆土厚五寸，旱則水澆。宜牛糞麻籸①壅培，專忌人糞，生苗以竹木扶架。霜降後，收子種亦得。立冬後，根邊四圍，寬掘深取則不碎。一名黄獨，其味與山藥同，以菉豆殼麻籸，或小便草鞋包種之，四畔用灰，則無蟲傷。

校記

〔一〕「菘」：嘉本作「松」，依萬本改。下條同。

〔二〕「惟」：嘉本作「推」，依萬本改。

〔三〕「淘」：嘉本漫漶，依萬本補。

〔四〕「王」：應作「黄」。

〔五〕「菜」：嘉本作「芽」，依萬本改。

〔六〕「荷」：嘉本作「苛」，依萬本改。

注解

①「麻籸」：即麻枯（麻油粕餅）。

便民圖纂卷第七

雜占類

論日 日生暈主雨。○日抱耳卜晴雨：南耳晴，北耳雨。日生雙耳，斷風絶雨。若耳長而下垂近地，又名曰「幢」，主久晴。○夏秋間，日没後，起青白光數道衝天，主來日酷熱。日返塢，日返照，主晴。諺云：「日没臙脂紅，無雨也有風。」老農云：「返照在日没前，臙脂紅在日没後。」○烏雲接日，主次日雨。若半天原有黑雲，日落雲外，其雲夜必散。或半天雖有雲，而日没下段無雲，狀如巖洞，皆主晴。

論月 月生暈，主風；更看何方有缺，風從缺處來。○新月卜雨。諺云：「月如彎弓，少雨多風；月如仰瓦，不求自下。」○新月下，有黑雲横絶，主來日雨。諺云：「初三月下有横雲，初四日裏雨傾盆。」

論星 星光閃爍不定，主有風。○夏夜星密，主熱。○「明星照爛地，來日雨不住」，言久雨。當昏黄時，忽雨住雲開，見滿天星斗，不但明日有雨，當夜亦不晴。若半夜後，雨止雲開，而星月朗然，則晴無疑。○諺云：「一箇星，保夜晴。」此言雨後天陰，但見一兩星，此夜必晴。

論風　夏秋間，有大風拔木揚沙，謂之風潮。具四方之風爲旋轉之狀，名曰颶風，有此主霖霪大雨。如見斷虹之狀者，名曰颶母，航海之人，甚惡畏焉。○凡風單日起，單日止；雙日起，雙日止。○凡風自西南轉西北則愈大，半夜及五更時起西風亦然。諺云：「日晚風和，明日愈多。」大抵風自日内起者必善，自夜起者必毒；日内息者亦和，夜半後息者必大凍。此言隆冬。○風急雨落。諺云：「東風急，備蓑笠。」又云：「風急雲起，愈急必雨。」○牛筋風主雨，以東北屬丑故云。諺曰：「東北風，雨太公。」○凡風春南夏北，並主雨。○冬天南風，三日，主雪。

論雨　諺云：「雨打五更，日中必晴。」○晏雨不晴。○雨着水面有浮泡，主卒未晴。○凡久雨至午少止，謂之「遺晝」。在正午遺，或可晴；午前遺，則午後雨不可勝言。○凡雨最怕天亮，以久雨正當昏黑，忽自明亮，則是雨候也。○凡雨驟易晴，諺云：「快雨快晴。」老子云：「驟雨不終日。」○雨間雪難得晴。諺云：「夾雨夾雪，無休無歇。」

論雲　雲行占晴雨。諺云：「雲行東，車馬通；雲行西，馬濺泥；雲行南，水漲潭；雲行北，好晒穀。」○上風雲雖開，下風雲不散，主雨。○雲如砲車形，主大風起。雲起下散，四野如煙霧，名曰「風花」，主有風。○雲陣自西南來，雨必多。諺云：「西南陣，便過落三寸。」雲起自東南來，必無雨。雲陣自西北起，黑如潑墨，又如眉梁陣，主大風而後，雨終易晴。○天河中，有黑雲生，謂之「河作堰」，又謂之「黑猪渡河」。一路對起，相接亘天，謂之「合羅陣」，皆主大雨立至。若久陰之餘，或作或止，忽雲作橋，則必有「掛帆雨却〔一〕」，又是雨脚將斷之兆。○凡雲陣行疾如飛，或暴雨乍傾乍止，其中必有神龍隱見。○凡旱年，雲陣起，或自東引西，或自西而東，俗謂之「沿江挑〔二〕」。非但今日無雨，必每日如之，久旱之兆也。潦年每至晚時，雨忽至，雲梢浮北，似霞非霞，紅光耀日，雨必隨作，當主夜夜如此，謂之「北江紅」，直至大水而後已，吴人嘗試多驗。若是晚霽，必兼西北俱晴。諺云：「西北赤，好晒麥。」○雲起細細如魚鱗斑片，或大片如鱗，一云「老鯉斑」，皆主無雨。○陰雲天卜晴，諺云：「朝要天頂穿，暮要四脚懸。」又云：「朝看東南，暮看西北。」空則無雨。○秋天雲陰，若無風，則無雨。○冬天近晚，忽有老鯉斑雲起，名爲「護霜天」。雖漸合成濃陰，亦無雨。

論霧　莊子云：「騰水上溢爲霧。」爾雅云：「地氣上天不應曰霧。」凡重霧三日，主有風。諺云：「三朝霧露起西風。」若無風，必主雨。又云：「霧露不收便是雨。」

論霞　諺云：「朝暮皆霞，無水煎茶。」主旱。○「朝霞不出市，暮霞走千里。」皆謂朝暮雨後乍晴之霞也。朝霞更看顏色斷之：若乾紅主晴，間有褐色主雨。滿天謂之「霞得過」。若西天有浮雲稍重，雨立至。唐人詩云：「朝霞晴作雨」是也。

論虹　虹俗名「鱟」。諺云：「東鱟晴，西鱟雨。」○「對日鱟，不到晝」，指西鱟，主何〔三〕遠也，若鱟便雨，又主晴。詩云：「朝隮于西，崇朝其雨。」

論雷　諺云：「未雨先雷，船去步歸。」主無雨。○卯前鳴有雨。○凡雷聲響烈者，雨雖大易過；如在水底響者，主不晴。○雷初發聲微和者，年内主吉；猛烈者凶，值甲子日尤吉。○雪中有雷，主百日陰雨。○雷自夜起，主連陰。或云：「一夜起雷三日雨。」

論電　夏秋之間，夜晴而見遠電，俗呼「熱閃」。在南主晴，在北主雨。諺云：「南閃千年，北閃眼前。」

論冰　冰後水長，主來年水。冰後水退，主來年旱。冰堅可履，亦主有水。

論霜　霜初下只一朝，謂之孤霜，主來歲歉。連得兩朝以上，主熟。上有鎗芒者主吉；平者凶，主春旱。

論霰　雪自上下遇温氣而摶，謂之霰，有霰後有雪。蓋天將大雪，必先微温，久而寒勝，則大雪矣。詩云：「如彼雨雪，先集維霰」，此之謂也。

論雪　凡雪，日間不積受者，謂之「羞明」；若霽而不消者，謂之「等伴」，主再雪，亦主來年多水。

論地　地面濕潤甚者，水珠流出如汗，主暴雨。若西北風可解散。石磉水流，四野鬱蒸，亦皆主雨。

論山　山色清爽主晴，昏暗主雨。若小山尋常無雲，忽然雲生，主大雨。

論水　夏初水底生苔，主有暴水。諺云：「水底起青苔，卒風暴雨來。」○水際生靛青，主風雨。諺云：「水面生青靛，天公又作變。」○水邊經行，聞水有香氣，主雨水驟至，極驗。○河内浸成包稻種，既沉復浮，主有水。

論草木　茅蕩内，春初雨過菌生，俗呼「雷驚菌」，多，主旱；無，主水。○草屋久雨，菌生其上，朝生晴，暮生雨。○茭草一名蕪葭，鄉人剥其小白嘗之，以卜水旱，味甘主水；味餿主旱。○麥花晝放，主水。○匾豆鳳仙，五月開花；野薇立夏前開花；藕花夏至前開，並主水。○凡竹笋透林者，多主有水。○梧桐花初生時，色赤主旱，色白主水。

論鳥獸　諺云：「鴉浴風，鵲浴雨，八哥兒洗浴斷風雨。」○鳩鳴有還聲，爲「呼婦」，主晴。無還聲，爲「逐婦」，主雨。○鵲巢低，主水；高，主旱。○鵲噪早，報晴，名曰「乾噪」。○江燕成羣而來，主風雨。○燕巢不乾净，主田内草多。○鸛鳴仰則晴；俯則雨。○鶴叫朝，主晴；暮，主雨。○赤老鴉合水叫，雨則未晴，晴亦主雨。○鴉勇叫早，主雨多，人辛苦。叫晏，主晴多，人安閒。○鬼車鳥夜聽其聲自北而南，謂之「出巢」，主雨；自南而北，謂之「歸巢」，主晴。○夏秋間，雨陣將至，忽有白鷺飛過，謂之「截雨」，雨竟不來。○吃鷂[四]叫，主晴。俗謂賣簑衣鳥。○家雞上宿遲，主陰雨。○母雞負雛，謂之「雞佗兒」，主雨。○冬天雀群飛，翅聲重，必有雨雪。○獺窟近水，主旱，登岸主水，甚驗。○鼠咬麥苗，主不見收，咬稻苗亦然；倒在根下，主囂下米貴；銜在洞口，主囤頭米貴。○圩塍上，見野鼠爬泥，主有水，水必到所爬處方止。○鐵鼠白日内銜尾，成行而出，主雨。○狗爬地及眠灰堆高處，並主陰雨。喫青草，主晴。向河邊喫水，主水退。○絲毛狗褪毛不盡，主梅水多。○貓喫青草，主雨。

論龍魚　龍下便雨，主晴。○凡黑龍下，縱雨不多；白龍下，雨水必甚。○龍下頻，主旱。諺云：「多龍多旱。」○龍陣雨，每從一路下，諺云：「龍行熟路。」○魚躍離水面，謂之「秤水」，主水漲；高多少，則水增多少。○凡鯉鯽魚，在四五月間，得暴漲，必散子。若散不甚，水勢未止；若散甚，水勢必定。夏至前後，得黄鱨魚甚散子，時雨必止；雖散不甚，水終未定。○車溝内，魚來攻水逆上，得鮎主晴，得鯉主水。諺云：「鮎乾鯉濕。」又鯽主水，鱨主晴。○黑鯉魚，脊翼長接其尾，主旱。○夏初，食鯽魚脊骨有曲，主水。○漁者網得死鱖，謂之「水惡」，故魚着網即死。口開，主水立至易過；口閉，主水來，遲卒不定。○鰕籠中，張得鱠魚，主有風水。

論雜蟲　水蛇蟠在蘆青高處，主水至其處。若回頭望下，水即至，望上稍慢。○水蛇及白鰻入鰕籠中，皆主大風水作。○春暮暴暖，屋木中飛蟻出，主風雨。平地蟻陣作亦然。○鼈探頭，南望晴，北望雨。○鬼螺螄浮水面上，主有風雨。○石蛤蝦蟇〔五〕之屬，叫得響亮成通主晴。○田雞噴〔六〕水叫，主雨。○蚱蜢、蜻蜓、黃蚻等蟲，小滿以前生者，主水，俗呼「魚口中食」，謂其纔經風雨，俱死於水故也。○黃梅三時内，蝦蟇尿〔七〕曲有雨，大曲大雨，小曲小雨。○蚯蚓朝出晴，暮出雨。

論三旬　朔日晴，則五日内晴。若雨，謂之「交月雨」，主久陰雨。若先連綿雨者，主雨少。○風吹月建方位，主米貴。自建方來者，爲得其正，晴雨亦得其宜。○二十五日謂之「月交日」，有雨，主久陰。○二十七日宜晴，諺云：「交月無過廿七晴。」又云：「廿七廿八岐月雨，初三初四莫行船。」

論六甲　甲子諺云：「春甲子雨，乘船入市；夏甲子雨，赤地千里；秋甲子雨，禾頭生耳；冬甲子雨，飛雪千里。」蓋甲子爲干支之首，猶歲旦爲節氣之先。歲旦和平，則一年亨利。甲子無雲，則雨月多晴。古人詩云：「甲子無雲萬事宜。」○甲子有雌雄，單日是雄，雙日是雌。若雙日值甲子，雖雨不妨，農家屢試果驗。詩云：「老尚誇雌甲，狂寧作散仙。」則知古人元有雌雄之説。

壬子諺云：「春雨人無食；夏雨牛無食；秋雨魚無食；冬雨鳥無食。」更須看甲寅日，若晴，謂之「抝得過」。又云：「壬子是哥哥，争奈甲寅何？」一説：「壬子雖雨，丁巳却晴」，主陰晴相半。二日俱晴，則六十日内少雨。又云：「壬子癸丑甲寅晴，四十五日滿天星，全憑丁巳作中人。」累試有驗。

甲申諺云：「甲申猶自可，乙酉怕殺我。」吴地窊下，最畏此二日雨。又閩中見四時甲申日有雨，必閉糴，主米貴。若雨後有南風，主水退無雨，此老農經驗之言。

甲、戊、庚必變。諺云：「久雨久晴，换甲爲真。」大抵甲爲天干之首故也。○甲午旬中無燥土。○甲雨乙抝。又云：「甲不抝乙。」○甲日雨，乙日晴；乙日雨，直到庚。○久晴逢戊雨，久雨望庚晴。○逢庚須變，逢戊須晴。○庚申日晴，甲子日必晴。

「上火不落，下火滴沰。」言丙丁日也。或曰：論「納音」。○久雨不晴，且看丙丁。

己亥、庚子、己巳、庚午四日，謂之木主土主雨。

論鶴神　己酉日下地東北方，乙卯日轉正東，庚申日轉東南，丙寅日轉正南，辛未日轉西南，丁丑日轉正西，壬午日轉西北，戊子日轉正北，癸巳日上天。一日在房。癸巳、甲午、乙未、丙申、丁酉，在房内北，戊戌、己亥，在房内中，庚子、辛丑、壬寅，在房内南，癸卯日在房内西，甲辰、乙巳、丙午、丁未在房内東，戊申日在房内中。己酉復下，週而復始。括云：「纔逢癸巳上天堂，己酉還歸東北方。」若上天下地之日晴，主久晴；雨，主久雨。轉方稍輕，值大旱之年，則又不應。諺云：「荒年無六親，旱年無鶴神。」

論喜神 訣云：「甲己寅卯喜，乙庚壬戌强，丙辛申酉上，戊癸己亥良，丁壬午未好，此是喜神方。」

論潮汛 候潮訣云：「午午未未申，寅卯卯辰辰，亥亥亥子子，半月從頭數。」○每月十三日，二十七日，名曰「水起」，是爲大汛，各七日。初五日，二十日，名曰「下岸」，是爲小汛，亦各七日。○諺云：「初一月半午時潮。」又云：「初五二十下岸潮，天亮白遥遥。」又云：「下岸三潮登大汛。」○凡天道久晴，雖大汛水亦不長。諺云：「晴乾無大汛，雨落無小汛。」

校記

〔一〕「却」：田家五行作「脚」。

〔二〕「沿江挑」：田家五行作「松江挑」。

〔三〕「何」：疑是「向」字。

〔四〕「吃鵏」：疑與卷八「五月」之「吃井」同。

〔五〕「蕫」：嘉本原作「暮」，依萬本改。

〔六〕「噴」：「噴」字疑「嗩」，下文「尿」亦疑係「嗩」字或體「咏」之譌。今日口語中之「哼」字，唐時寫作「嗩」。

〔七〕「尿」：見前校記〔六〕。

便民圖纂卷第八

月占類

正月　歲旦值立春，人民大安。諺云：「百年難遇歲朝春。」○是日晴明，主歲豐民安，犧牲旺，寇賊息。○日有暈，主小熟。○有雷主一方不寧。○有雹主人殃。○有霜主七月旱，禾苗好。○有霧主人疫，桑葉賤。○有雪夏旱、秋水。若未交立春，則穀麥蕃盛，人民六畜俱安。○大風雨，米貴，蠶傷。○微風細雨，主梅天水大，秋旱。○四方有黄氣，主大熟。白氣凶。青氣蝗。赤氣旱。黑氣大水。○東方有青雲，人病，春多雨。白雲，八月凶。赤雲，春旱。黑雲，春多雨。○南方有赤雲，夏旱米貴。○東風，夏米平。○南風，米貴，主旱。○西風，春夏米貴，桑葉貴。○北風，水澇。○東北風，水旱調，大熟。○東南風，禾麥小熟。○西北風，有水，桑葉賤。○西南風，春夏米貴，蠶不利。○值甲，米平，人疫。○值乙，米麥貴，人病。○值丙，四月旱。○值丁，絲綿貴。○值戊，米、麥、魚、鹽貴。○值己，米貴，蠶傷，多風雨。○值庚，田熟。○值辛，麻麥貴，禾平。

○值壬，絹、布、豆貴，米、麥平。○值癸，禾傷，人厄，多雨。○是日秤水起，至十二日止，以卜十二月水旱。每朝取水一瓦瓶，秤之。重則雨多，輕則雨少，如初一管正月，初二管二月之類。○立春日風色，晴雨雷電，大率與元日同。○上正三即初三日，東北風，主水旱調。東南風晴，主旱。西北風，主水。○五日後，雨水多，主蠶不收，人多疫。○八日爲穀旦，無風晴暖，主高田大熟。此夜若雨，元宵如之。○是日午，立丈竿，量日影，過丈竿，主年内大水。九尺同，八尺瘟，六尺七尺雨水，四尺五尺風損木，三尺蝗，一二尺旱飢。○是夜量月影，立一丈竿於平地，候月光纔有影，即量之。據其長短，移於水面，就橋柱或船坊，畫痕記之，海水必到所記之處而止。水鄉，取影短爲吉。○是夜看參星，在月西，主大水，夏中一節晴。在東，對月口，主高田半收。在南，大旱，高田無收。在北，主大惡風，人疫。有雲掩星月，主春多雨。○以五子日斷歲事。詩括云：「甲子豐年丙子旱，戊子蝗蟲庚子散，惟有壬子水滔滔，只在正月上旬看。」○上旬内，值甲乙日雨，主春雨多；丙丁戊己日雨，主夏雨多；庚辛日雨，主秋雨多；壬癸日雨，主冬雨多。年内但逢是日便雨。○上元日晴，主一春少水，詩括云：「上元無雨多春旱。」○十六日，謂之「落燈夜」，晴主旱，宜於水鄉。最喜東南風，謂之「入門風」，低田大熟；有雨主低田没。○二十日爲秋收日，晴，主秋成。○雨水後，陰多，主水少，高下皆吉。

○月内日食，人疫，夏旱。○月食，主粟貴、盜多。○虹見，主七月穀貴。○月内有三子，葉少蠶多；無則葉多蠶少。○有甲寅，米賤。○有三卯，早豆有收；無，則少收。○有三庚，主大水，在正月節氣内方准。

二月 朔日值驚蟄，主蝗。春分，主歲歉。風雨，主米貴。○二日，東作興，諺云：「土工日，宜雨；見薄冰，主旱。」八日，東南風主水，西北風主旱。○十二日爲花朝，晴則百果實，夜尤宜晴。若雨，則四十日夜雨而久陰也。諺云：「十二晴徹夜，夜雨却不怕。」○驚蟄日，雷在上旬，主春寒，黄梅水大。中旬，主禾傷。末旬，主蟲侵禾。初發聲在艮，主米賤；震，主歲稔；巽、坤，主蝗；離，主旱；兑，主五金長價；乾，主民災；坎，主水。○春分日東風，主麥賤、歲豐；西風，主麥貴；南風，主五月先水後旱；北風，主米貴一倍。前後一日内雷，主歲稔。○十五日，爲勸農日，晴明主豐，風雨主歉。○春社日晴明，主六畜大旺。○月内虹見東，主秋米貴；西主蠶貴。霜多主旱。月無光，有災異事。○乙卯、甲寅日雨，入地五寸，米少貴。若不貴，至夏大貴。甲子日雷，主大熟。○有三卯，宜豆；無則早種禾。

三月 朔日值清明，主草木榮。穀雨，主年豐。○上巳即三日，陰雨主葉賤，天晴主葉貴。諺云：「三月初三雨，桑葉生苔殕〔一〕。三月初三晴，桑上掛銀瓶。」○是日聽蛙聲卜水旱。諺云：「上晝叫，上鄉熟；下晝叫，下鄉熟。終日叫，上下鄉齊熟；聲啞水少，聲響水大。」唐書云：「田家無五行，水旱卜蛙聲。」○寒食即清明前二日，吴人專尚此日，墓祭謂之「掃松」，取介子推故事。其日多值風雨。諺云：「雨打墓頭錢，今年好種田。」○清明日喜晴惡雨。諺云：「簷前插柳青，農夫休望晴；門前插柳焦，農夫好作驕。」「午前晴，早蠶好；午後晴，晚蠶好。」○是日雷電，主小麥貴；夜雨，主秧種多；東北風，桑葉末市貴；東南風，中市貴，末市賤；西南風，蠶多損，葉末市賤；西北風，中市貴。○若清明寒食前後，有水而渾，主高低田禾大熟，四時雨水調。○穀雨日雨，主魚生。諺云：「一點雨，一箇魚。」○十六日西南風，主旱。○月內雹〔三〕多，歲稔。○虹見，九月米、魚、鹽貴。○日食，米貴、人飢。○月食，絲綿米皆貴，人飢。○有暴水爲桃花水，主多風雨。○有三卯，宜豆；無則宜麻麥。

四月　朔日值立夏，主地動；小滿，主凶災；大風雨，主大水，小則小水；晴主旱。老農咸謂此日最緊要。此日丙，主有重種田之患。○立夏日，日有暈，主水；有風，主熱。是夜觀老人星：明朗則一歲大熟；暗黑則一歲不登；半明半滅則半熟。○八日看陰晴，卜水旱。諺云：「四月八，晴料①掉，高田好張釣。四月八，烏漉禿，不論上下一齊熟。」是夜有雨，損小麥，蓋麥花夜吐，雨多則損其花，故麥粒浮秕，薄收。○十四日晴，主歲稔，得東南風尤妙。諺云：「有利無利，只看四月十四。」〇十六日看月上，卜水旱。諺云：「有穀無穀，且看四月十六。」又云：「月上早，低田收好稻；月上遲，高田剩者稀。」若黃昏時，日月對照，主夏秋旱。月上遲，有白色，主大水。有雲，主草多。雲黑，主有蟹。〇是夜，月當午，立一丈竿量月影。若過竿，主雨水多没田，夏旱，人飢。長九尺，主三時雨水；八尺，主六月雨水；七尺，主低田大熟，高田半收；五尺，主夏旱；四尺，主蝗；三尺，主人飢。〇二十日爲小分龍日，晴主旱，雨主水。〇月内寒，主旱。諺云：「黄梅寒，井底乾。」大抵立夏後到至前，不宜熱，熱則有暴水。有東南風，謂之鳥兒信。諺云：「稻秀雨澆，麥秀風摇。」〇有三卯，宜麻；無則麥不收。〇虹見主米貴。

五月

朔日值芒種，主六畜凶；夏至，主米大貴。諺云：「初一雨落井泉浮，初二雨落井泉枯，初三雨落連太湖。」一日晴，一年豐；一日雨，一年歉。〇「五月五日晴，田稻好收成。」諺云：「端午逢乾，農夫喜歡。」又主絲綿賤。是日值夏至，主米貴。諺云：「夏至連端午，家家賣兒女。」若值天陰，日無光，稻有高低。若有霧露雨，主有大水。若曙色分時，有雨東來，主人災，若至七月七日有雨，則此災解。若有大風，則蝗生，水果内生蟲。〇芒種日宜晴。是日後逢壬，爲立梅，前半月爲梅，後半月爲三時。立梅日有雨，主旱。諺云：「雨打梅頭，無水飲牛。」風土記云：「夏至前芒種後雨，爲黄梅雨。」最畏半月内西南風，有一日西南風，主時裏三日雨。諺云：「梅裏西南，時裏潭潭。」又畏雷。諺云：「梅裏雷，低田拆舍歸。」大抵芒種後半月，謂之「禁雷天」。又云：「梅裏一聲雷，時中三日雨。」○冬青花關係水旱，其花不落濕地。諺云：「黄梅雨未過，冬青花未破；冬青花已開，黄梅便不來。」○夏至日在月初，諺云：「夏至端午前，坐了種年田。」言雨水調也。有雨，謂之「淋時雨」，主久雨，年稔。怕西南風，諺云：「急風急没，慢風慢没。」立驗。無雲，主三伏熱。日暈，主有雨水。○至後半月，謂之三時。首三日爲頭時；次五日爲中時；又次七日爲末時。時雨最怕在中時，前二日來，謂之中時頭，必大凶。若到得末時，縱有雨亦善。○吃井，水禽也，在夏至前叫，主旱。○鵜鶘，一名「淘河」，湖濼中鵜鸛之屬，其狀異常，水怪也。每來必主大水，甚驗。諺云：「夏至前來，謂之犁湖；夏至後來，謂之犁途。」以其觜之形狀似犁。湖言水漲，途言水退也。占候者，勿泥一途而取之。○二十日爲大分龍日，占候與小分龍日同。○月内日食，主大旱，人飢。○月無光，有火災。○虹見，有小水，主禾麥貴。○有三卯，種稻爲宜；無則宜種早豆。

六月　朔日值大暑，主人灾[三]；夏至主[四]荒；小暑主山崩、河水溢；遇甲主飢；風雨主米貴。○三日有雨難稿稻。諺云：「六月初三晴，竹篠盡枯零。」○小暑日雨，名「倒黄梅」，主水。有東南風及成塊白雲，主有半月舶䑺風，退水兼旱。諺云：「舶䑺風雲起，旱魃深歡喜。」〇初六日晴，主收乾稻；雨謂之湛轆耳，主有秋水。〇三伏中宜熱，諺云：「六月不熱，五穀不結。」蓋適當稿稻天氣。又當下壅之時。晴則熱，熱則苗旺；凉則雨，雨則田没。〇伏裏西北風，臘裏船不通，主秋稻秕，冬水堅。〇六月無蠅，新舊相登，言米價平也。〇夏秋之交，稿稻還水，最喜雨。〇月内日食，主旱。〇有南風，主蟲傷稻。〇虹見，主米貴。

七月 朔日值立秋及處暑，主人多疾；風雨，主人不安。〇立秋日大雨，主傷禾；有雷，主損晚稻；西南風，主禾倍收。〇七夕有雨，小麥、麻、豆賤。〇中元日雨，俗謂之翘簷生日，主撈稻。〇十六日，月上早，好收稻；月上遲，秋雨徐，言多也。〇月内虹見，主米貴。〇日月食，人災、牛馬貴。〇有三卯，田禾有收；無則宜晚麥。

八月 朔日晴，主連冬旱，宜薑。略得雨，宜麥；主布、絹、絲綿及麻子貴。〇白露日晴，主稻有收；雨，主萬物傷損。白露雨，爲「苦雨」，主瓜、果、菜生蟲；稻禾沾之，則白颯；蔬菜沾之，則味苦。若雙日，白露前後有雨〔五〕，不損苗；若單日，白露前後有雨，則損苗；若連陰之雨，不爲害。〇秋分日有雨或陰，主來年高低田大熟；若晴明，主不熟。西方有白雲，起如羣羊，爲「分氣」至，年大稔；有黑雲相雜者，兼宜麻豆；若赤雲，主來年旱。東北風，主來年大小麥熟；風急不利。西北風，主來年陰雨，高低田熟；風急不利。惟西風，主來年民安歲豐。〇十五日爲中秋。晴，主來年高田成熟，低田水傷；有雨，主來年低田成熟，高田薄〔六〕收。〇月内虹見，主春米貴，秋和平。〇有三卯，主低田稻麥有收；無，不宜種麥。

九月　朔日值寒露，主冬寒嚴凝；霜降，主歲歉；風雨，主春旱夏水；東風半日不止，主米麥貴。〇重陽日晴，則冬晴；雨，則冬雨。故曰：「重陽無雨一冬晴。」及冬至、元日、上元、清明四日，皆然。重陽有雨，則柴薪貴，謂之「竈荒」。故曰：「九月一日晴，不如九日明，又不如十三日靈。」〇上卯日，風從北來，主來年三、七月米貴三倍；東來同，西來平平。〇月内有雷，米穀貴。〇虹見，主人災。〇霜不下，來年三月多陰寒。

十月　朔日值立冬，主有灾異；晴則一冬多晴；雨則一冬多雨，又多陰寒。值小雪，有東風，主春米賤；西風，主春米貴。〇立冬日，西北風，主來年大熟；晴主多魚；雨主無魚。冬前霜多，主來年早禾好；冬後霜多，主來年晚禾好。十六日晴，主冬暖。極准。〇月内虹見，主麻、穀貴。〇月食，主魚、鹽貴。〇有雷，主人死，稻薄收。〇有霧，俗呼「沐霧」，主來年大水。

十一月　朔日值大雪與冬至，皆主凶災；有風雨宜麥。〇冬至，風南來，穀貴；北來，歲稔；東來，乳母多死；西來，禾傷。○是日觀雲，並須子時，至平旦占之有准。青雲北起，歲熟民安；赤雲，旱；黑雲，水；白雲，人災；黄雲，大熟；無雲，大凶。○是日雷，有大賊橫行。若前後有雪，主來年大水、人飢、有兵革。○是日，取諸粟等種，各平量一升，以布囊盛之，埋窖陰地，候五十日，取驗多寡，則知來歲所宜。○月内雪多，主冬春米賤。○有雷，主春米貴。至前米價長，以後不貴；落則反貴。○有霧，主來年旱。○月食，米貴。○月無光，魚鹽貴。○晦日風雨，主春少雨。

十二月　朔日值大寒，主人災，虎爲患；小寒，主有祥瑞。東風半日不止，主六畜災；風雨，主春旱、夏水、米貴。○至後逢第三戌爲臘。臘前後三兩番雪，謂之歲前三白，大宜菜麥。諺云：「若要麥，見三白。」主來年豐稔，又主殺蝗蟲子。○月内上旬有雪，主來年黄梅内有雨水，中旬有雪亦然。若西日有雨，主冬連春六十日陰雨；若有霧，主來年早稻有傷。諺云：「臘月有霧露，無水做酒醋。」有雷，主來年夏秋旱澇不均。若雷鳴雪裏，主陰雨，百日方晴。○虹見，主八月穀貴。○立春在殘年内，主冬暖。○柳眼青，主來年夏秋米賤。○除夜五更，視北斗所主，占五穀美惡。其星明，則成熟；暗則有損。貪狼主蕎麥。巨門主粟。禄存主黍。文曲主芝麻。廉貞主麥。武曲主粳糯米。破軍主赤豆。輔星主大豆。

校記

〔一〕「殕」：疑是「痕」字之誤。

〔二〕「雹」：疑是「雷」字之誤。

〔三〕「灾」：嘉本作「岸」，依萬本改。

〔四〕「主」：嘉本作「巫」，依萬本改。

〔五〕「雨」：嘉本作「雪」，依萬本改。

〔六〕「薄」：嘉本作「虫」，依萬本改。

注解

①「炓」：音料，火光。

便民圖纂卷第九

祈禳類

正月 元日寅時，飲屠蘇酒，免疫癘。其方用大黄、一錢六分。桔梗、去蘆。川椒、去核各一錢五分。桂心、去皮，一錢八分。烏頭、炮，去皮臍〔一〕，六分。白术、一錢八分。茱萸、一錢二分。防風去蘆，一兩。作咀片，以絳囊盛之，懸井中或水缸中，至寅時取出，用無灰酒煎四五沸，飲則自幼及長。○是日四更時，取葫蘆藤煎湯浴小兒，則終身不出痘瘡。其藤須八九月收下。○是日平旦，以麻子二七粒，投井中，辟瘟。○是日服赤小豆二七粒，面東以虀汁下，一年無疾。家人悉宜服之。○是日服桃湯。桃者，五行之精，能厭伏邪氣，制服百鬼。○是日爆竹。俗云：「能辟山魈、邪鬼。」○是日進椒柏酒。椒是玉衡星精，服之身輕耐老；柏是仙藥。然進酒次第，必當從小者起。○是日取五香煮湯浴，令人至老鬚髮黑。○徐諧註云：「道家，謂青木香爲五香。」○立春日，鞭土牛，庶民争之，得牛肉者宜蠶。○是日食生菜，不可過多，取迎新之意，及進漿水粥，以導和氣。○入春宜晚脱綿衣，不然令人傷寒霍亂。○上元日，「爆孛婁」：燒乾鍋，以糯穀爆之。占稻色，自早禾至晚禾，皆爆一握，比分數，斷高下。占人口亦然。○是月，每朝梳頭一二百下，至夜欲卧，鹽熱鹽湯一盆，從膝下洗至足方卧，以通泄風毒脚氣，勿令壅滯。○是月上辰日，并逐月庚寅日、壬辰日及滿日，塞鼠穴。又三月庚午日，斬鼠尾，取血塗屋梁，可以辟鼠。又云：清明日，取戊方上土，剪狗毛，作泥塗房户内孔穴，則蛇鼠諸蟲永不入。

二月　月初須灸兩脚三里、絶骨、對穴，各七壯，以泄毒氣。至夏初即無脚氣衝心之疾。○二日，取枸杞菜，煮湯沐浴，令人光澤，不老不病。○上丑日，泥蠶室，則宜蠶。○上卯日，沐髮，愈疾。○丁亥日，收桃杏花陰乾爲末，戊子日，和井水服方寸匕〔二〕，日三服，治婦人無子，大驗。○是月春分後，宜佩「神明散」。其方：用蒼朮、桔梗、各二兩。附子、一兩，炮。烏頭、四兩，炮。細辛一兩。共爲散，絳囊盛，帶方寸匕。一人帶之，一家無病。

三月　二日雞鳴，以隔宿冷炊湯，澆洗瓶口及飯甑、飯籮，一應厨物，則永無百蟲遊走爲害。○三日收苦楝〔三〕花，鋪床竈上，辟蚤、虱、蟲、蟻。○是日，採艾掛户牖間，以備一年之灸。凡灸，宜避人神所在。○寒食日，以絹〔四〕袋盛麪掛當風處。中暑者，以水調服。○是日，水浸糯米，逐〔五〕日换水，至小滿漉出，晒乾炒黄爲末，水調，治打撲傷損及諸瘡腫處。○是日前一百五日，採大蓼晒，能治氣痢。用時爲末，食前米飲湯下一錢，極效。

○清明前二三日，用螺螄浸水中，至清明日，人未起時，以水灑壁上，不生蜒蚰。仍將螺螄放之，吉。○清明日，日未出時，採薺菜花枝，候乾。夏作燈杖，護蚊蛾。○是日三更時，以稻草縛樹上，則不生刺毛蟲。○是日所插簷柳，可止醬醋潮溢。○是月取桃花未開者，陰乾百日，與赤桑椹〔六〕等分搗，和臘月猪脂塗秃瘡，神效。

四月 八日宜取枸杞菜煎湯沐浴。○是月，每朝空心飲葱頭酒，令人血氣通暢。○是月，甲子日，將蠶沙三斗埋亥地，宜蠶。○是月，宜用五枝湯澡浴，浴訖，以香粉傅身，能〔七〕除瘴毒、疏風氣、滋血脉。五枝方：用桑枝、槐枝、榆樹枝、柳枝、桃枝各一把，麻葉二斤，以水一石煎八斗許，去柤①。香粉方：用粟米一斤作粉，無則以葛粉代之。青木香、麻黄根、附子炮、甘松、藿香、零陵香、牡礪各二兩爲末，以生絹袋盛之。○是月，宜飲桑椹酒，其方：用椹汁三斗，白蜜二合，酥油一兩，生薑汁一合，以重湯煮椹汁，至斗半〔八〕，少些方入鹽酥等，令得所。每服一合，和〔九〕酒服，理百種風。

五月 五日，日未出時，採百草頭，惟藥苗多者尤佳。不拘多少，搗濃汁和石灰作餅，晒乾。治一切金瘡及小兒惡瘡。○是日午時，於韭畦，面東勿語，收蚯蚓泥；遇魚刺鯁者，以少許擦喉外，其刺即消，謂之「六一泥」。○用熨斗燒一棗子於床下，辟狗蚤。○寫「白」字，倒貼于柱脚上四處，則無蚊子。○書「儀方」二字，倒貼于柱脚上，辟蛇蟲。○取獨頭蒜五個，和黄丹二兩搗爛，丸如雞頭大，晒乾。心痛者，以醋磨一丸服，即效。○取葛根爲屑，治金瘡、斷血，亦治瘧。○取青蒿和石灰搗，至午時，丸作餅子。有金瘡之患，爲末傅之，立效。○取浮萍，午時投廁中，絶青蠅。○取露草一百種，陰乾燒灰，和井花水重煉過，以好醋爲餅。有腋氣者，挾於腋下，乾取易之，當抽一身臭氣。腋間瘡出，以小便洗之。○採莧菜和馬齒莧等分爲末，與孕婦服之，易産。○取晚蠶蛾，生投竹筒中，竹筒須兩頭有節者，一頭錐破一穴，放蛾入，塞之，令自乾死。遇有竹木刺入肉，不能出者，取少許爲末，唾津調塗傅之[一〇]，即出。○取白礬一塊，自早晒至晚，收之。凡百蟲咬者，傅之立效。○收赤白葵花各陰乾，治婦人赤白帶下；赤者治赤，白者治白，爲末酒服。○取猪牙，治小兒驚癇，燒灰服之。兼治蛇咬。○取桑上木耳，白如魚鱗者。若患喉閉，搗碎，綿包，如彈丸大，蜜[一一]浸含之，立效。○採艾治百病。○取浮萍燒烟辟蚊。○以五綵繩繫臂，令人却邪不瘟。○夏至日，採映日果，即無花果也，能治咽喉疾。○是月戊辰日，以猪頭祀竈，令人所求如意。○是月，宜服五味子湯。其方：取五味子一大合，用木杵臼擣之，置小瓷缾内，以百[一二]沸湯投之，入少[一三]蜜，即封安火邊。良久堪服。

六月　六日清晨，浸井花水，以白鹽淘於水中，用新鍋還煎作鹽，每早以此鹽擦牙畢，却以水嗽吐于手心洗眼，日日如此，雖老猶能燈下寫[一四]書。○伏日，食湯餅辟惡。○是月，二十四日忌遠行，水陸俱不宜。

七月 七日取苦瓠瓤白，絞取汁一合，以醋一升，古錢七文，和清微火煎之。減半，抹眼眥[一五]中，治眼暗。○是日取赤小豆，男吞一七粒，女吞二七粒，終歲無病。○是夕，取百合根熟擣，用新瓦器盛之，密封於門上，陰乾百日，拔去白髮，用此摻之，即生黑髮。又法：取螢火蟲二七枚，撚髮，髮自黑。○立秋日，人未起時，汲井水，長幼皆少飲之，却病。○是日，服赤豆七粒，面西，井花水下，一秋不犯痢疾。○是日，日未出時，取楸葉熬爲膏，傅瘡瘍立愈。

八月 一日，取柏葉上露，拭目，能明目。○是日侵[一六]晨，以瓦器於百草頭，收露水，濃磨墨。頭疼者，點太陽穴；勞瘵者，點膏肓穴，謂之「天灸」。十日，以朱點小兒頭，亦名「天灸」，以壓疾也。○十九日，拔白髮，則永不生。

九月 九日登高，佩茱萸，飲菊花酒，令人壽。○是日天欲明時，以片糕搭小兒頭上，乳母祝云：「自此百事皆高。」○是日以菊花釀酒飲之，治人頭風；以枸杞浸酒飲之，令人不老，亦不白髮，兼去諸風。○是日收菊花晒乾，用糯米一斗蒸熟，以菊花末五兩，搜拌如常醞法，多用麪麯，候酒熟，壓之，每暖一小盞服，治頭風頭旋。

十月 上巳日，採槐子服之。槐者，虚星之精，去百病。○上亥日，採枸杞子二升，採時須面東。摘生地黄取汁三升，以好酒二升，盛瓷缾内，二十一日取出研爛，入地黄汁同煎攪之，却以油紙三重封其口，更浸。候至立春前三日開，逐日空心飲一杯，至立春後，髭髮變黑，補益精氣，服之奈老，身輕無比。○十四日，宜取枸杞作湯沐浴。○是月，宜進棗湯。其方：取大棗除皮核，中破之，於文武火日翻覆炙，令香，然後煮作湯。

十一月　冬至日，宜於北壁下，厚鋪草而卧，以受元氣。○是日鑽燧取火，可去瘟疫。○是日以赤小豆煮粥食〔一七〕，可辟疫氣。

十二月　八日，取猪板油四兩，懸于廁上，則一家入夏無蠅子。○癸丑日作門，令賊不敢來〔一八〕。○水日晒薦席，能去蚤虱。○上亥日，取猪肪脂，安瓷罐内，埋亥地上一百日，治癰疽；内加雞子白十四枚，水銀二三錢極妙。○臘日持椒三七粒，卧于井旁，勿與人言，投于井中，除瘟。○臘後遇除日，取鼠一枚，燒灰，埋于子地上，則一家永無鼠耗。○是日田夫牧豎，候昏時争執竿燎火于野，名曰「點田蠶」。看火色，占來年水旱。白主水；紅主旱；猛烈主豐；萎衰主歉。風亦取東北爲上。○二十五日夜，煮赤豆粥，大小人口皆食之。家人在外，亦必留其口分，以俟其歸，謂之「口數粥」。○除夜，燒生盆爆竹看火色，大率與田蠶同。○是夜宜於富家田内，取土泥竈，招吉。○是夜空房中，宜燒皂角令烟，謂之辟瘟氣。○是夜四更，取麻子、赤小豆各二十七粒，并家人髮少許，投井中，終年不患傷寒瘟疫。○是夜取長流水秤之，明朝又易水秤之，比輕重，以較兩年之水，占法見正月。○是夜安靜爲上吉。諺云：「除夜犬不吠，新年無疫癘。」宜謹守之。○是月收雪水尤佳。蓋雪者五穀之精，若浸五穀之種，則耐旱不生蟲。淋猪亦可治小斑疹；調蛤粉可搽痱子，極妙。用大瓮盛貯，埋冰窖内，無冰窖，則埋於背陰高阜地下，稻草蓋之，勿令雨水流入。○是日收〔一九〕雄狐膽。若有人暴亡未移時者，急以温水微研灌入喉中，即治。宜常預備救人〔二〇〕，移時即無及矣。○是月，取青魚膽陰乾，如患喉閉及骨鯁者，以此膽少許，口中含咽津則解。

校記

〔一〕「臍」：嘉本作「用」，依萬本改。

〔二〕「匕」：萬本譌作「七」。下文「匕」字同，不另出校。

〔三〕「楝」：嘉本作「煉」，依萬本改。

〔四〕「絹」：萬本作「紙」。

〔五〕「逐」：嘉本作「次」，依萬本改。

〔六〕「椹」：嘉本作「俱」，依萬本改。

〔七〕「能」：萬本作「畔」。
〔八〕「半」：萬本作「五升」。
〔九〕「和」：萬本譌作「称」。
〔一〇〕「傅之」：萬本作「刺上」。
〔一一〕「蜜」：萬本作「水」。
〔一二〕「百」：萬本作「白」。
〔一三〕「少」：嘉本作「小」，依萬本改。
〔一四〕「寫」：嘉本作「讀」，依萬本改。
〔一五〕「揹」：嘉本作「揹」，依萬本改。
〔一六〕「侵」：萬本作「清」。
〔一七〕「食」：嘉本原缺，依萬本補。
〔一八〕「來」：萬本作「入」。
〔一九〕「收」：萬本缺「收」字。
〔二〇〕萬本至此止，下節殘缺。

注解

①「租」：借作「瀘」字。

便民圖纂卷第十

涓吉類

入學　己巳、戊寅、甲戌、乙亥、丙子、己丑、辛巳、癸未、甲申、丁亥、庚寅，辛卯、壬辰、乙未、丙申、己亥、壬寅、癸卯、甲辰、乙巳、丙午、丁未、戊申、庚戌、辛亥、甲寅、乙卯、丙辰、庚申、辛酉、癸亥，天月二德，及三合、六合、成、定、開日。忌建、破、魁罡、勾絞、離窠、受死、九土鬼、荒無、正四廢、伏斷，及乙丑、孔子死日。

赴舉　黄道、天官、天成、貴人、吉人、上官、玉堂、榮官、旺日、天月二德、三合。忌黑道、官符、死炁、滅没、十惡無禄、天休癈、四不祥、猖鬼、敗(一)亡、陰錯、陽錯。

上官到任　甲子、乙丑、丙寅、己卯、庚午、辛未、癸酉、甲戌、乙亥、丙子、丁丑、癸未、甲申、丙戌、庚寅、壬辰、乙未、丁酉、庚子、癸卯、丙午、丁未、癸丑、甲寅、丙辰、己未、天赦、天恩、月恩、黄道、上吉、天月二德，及合活曜吉明、戊勳、旺日、復日、天貴、天慶、吉慶、成、開日。忌天休廢、受死、赤口、冰消、瓦陷、陰錯、陽錯、牢日、獄日、徒隸、死别、伏罪、不舉、刑獄、荒無、伏斷、九醜[二]、九土鬼[三]、猖鬼、敗亡、上朔、四不祥日。

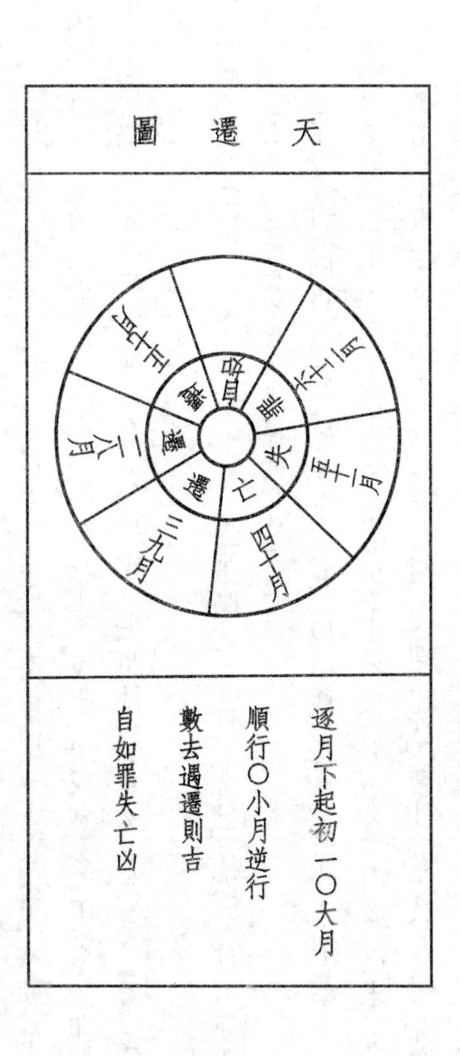

冠笄 甲子、丙寅、丁卯、戊辰、辛未、壬申、丙子、戊寅、壬午、丙戌、辛卯、壬辰、癸巳、甲午、丙申、癸卯、甲辰、乙巳、丙午、丁未、庚戌、甲寅、乙卯、丁巳、辛酉、壬戌、天月德、天月恩、生炁、福生、益後、續世、成、定日。忌魁罡、勾絞、月厭、受死、九土鬼、陰陽錯、丑日、破日、八月定日。

結姻送禮 乙丑、丙寅、丁卯、庚午、辛未、丙子、丁丑、戊寅、己卯、壬寅、癸卯、丙午、壬子、癸丑、甲寅、乙卯、庚寅、辛卯、壬午。忌建、破、魁罡、月厭、冰消、瓦陷、受死、人隔、陰錯、陽錯。

嫁娶納壻同　乙丑、丁卯、丙子、丁丑、辛卯、癸卯，六日有不將以爲全吉。外有壬子、癸丑、乙卯、癸巳、壬午、乙未、丙寅、戊寅、己卯、庚寅、黄道、生炁、益後、續世、陰陽合、人民合、成日。忌歸忌、月厭、厭對、天賊、月破、受死、天寡、地寡、紅沙殺、披麻殺、天罡勾絞、河魁勾絞、吟神、天雄、地雌、往亡、無翹、陰錯、陽錯〔四〕、荒無、伏斷、四離、四絶日。

嫁娶周堂〔五〕　夫姑堂翁第〔六〕竈婦厨　婦竈第翁堂姑夫厨

納壻周堂　夫姑第翁門竈厨户　户厨竈門翁第姑夫

大月初一初二初三初四初五初六初七初八初九初十十一十二十三十四十五十六十七十八十九廿廿一廿二廿三廿四廿五廿六廿七廿八廿九卅。小月初一初二初三初四初五初六初七初八初九初十十一十二十三十四十五十六十七十八十九廿廿一廿二廿三廿四廿五廿六廿七廿八廿九。

斬草破土　甲子、乙丑、丙寅、丁卯、戊辰、庚午、壬申、癸酉、丙子、戊寅、己卯、壬午、甲申、乙酉、庚寅、辛卯、壬辰，乙未、丙申、丁酉、壬寅、癸卯、丙午、壬子、癸丑、己酉、甲寅、乙卯、庚申、辛酉。忌天瘟、土瘟、重喪、重復、天賊〔七〕、地破、四時大墓、陰陽錯日。

安葬　壬申、癸酉、壬午、甲申、乙酉、丙申、丁酉、壬寅、丙午、己酉、庚申、辛酉、庚午、庚寅、鳴吠、對鳴吠、成、開日。忌建、破、魁罡、勾絞、重喪、重復、重日、人喪〔八〕、月建、車殺、地中、白虎、人皇、人建、四大墓、冰消、瓦陷、陰[九]陽錯日。

葬日周堂
亡人　父　男　子　客　婦　母　女　夫
大月初一起，父向男順行。小月初一起，母向女夫逆行，日移一位，值亡人吉。如值人，則出外少避。惟停喪在家，須論葬日周堂，如喪在外，則不論此。其法則，論月分，不論節氣。

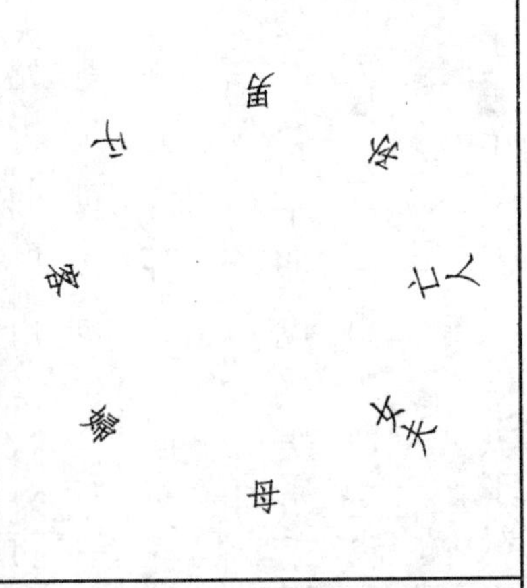

祈禱　丁卯、己巳、壬申、己卯、甲申、乙酉、庚申。忌風伯死日。

祭祀　甲子、乙丑、丁卯、戊辰、辛未、壬申、癸酉、甲戌、丁丑、己卯、庚辰、壬午、甲申、乙酉、丙戌、丁亥、己丑、辛卯、甲午、乙未、丙申、丁酉、乙巳、丙午、丁未、戊申、己酉、庚戌、己卯、丙辰、丁巳、戊午、己未、辛酉、癸亥，此皆神在之日[一〇]。天德、月德、福德，敬心、陰德。忌天罡、滅門、河魁、大禍、龍虎、受死、鬼隔、神隔、天隔[一一]、滿、破日及天狗下食時。

祈福　乙亥、丙子、丁丑、壬午、癸未、庚辰〔一二〕、甲午、乙未、壬寅、乙卯、丙辰、壬戌、癸亥、福生、黃道、天恩、天赦、天德、月德、母倉、上吉。忌魁罡、建、破、龍虎、受死、天狗〔一三〕、鬼隔、滿、破、成日。

求嗣　定、執、成、開、益後、續世，生炁日。忌同上。

剃胎頭　世俗以滿月日剃，若值丁日破敗惡星，當移前後一日。

斷乳　伏斷卯日。

會客　乙丑、丙寅、丁卯、庚午、甲戌、戊子、丙午、庚寅、辛卯、癸卯、甲午、乙未、丙午、壬子、甲寅、乙卯。忌赤口、上朔、酉日、破日。

過房養子　益後、續世、天月二德，及天月二德合、成、開日。忌建、破、魁罡、歸忌、受死、天賊、死別、徒隸、伏罪、荒無、人隔。

學伎藝　滿、成、開日。忌正四廢、赤口、破日。

立契交易同　辛未、丙子、丁丑、壬午、癸未、甲申、辛卯、乙未、壬辰、庚子、戊申、壬子、癸卯、丁未、乙未、甲寅、乙丑〔一四〕、辛酉、執、成日。忌空亡、長短星、破日、赤口、荒無日。

求財　丙子、丁丑、乙卯、滿日。

出財　丁丑、乙酉、丙戌、癸巳、庚戌、辛亥、乙卯、丙辰、丁巳、辛巳、辛酉、甲申。

納財　乙丑、丙寅、壬午、癸未〔一五〕、庚子、丙午、甲寅、天月德、天恩、上吉、次吉、收、閉日。忌月虚、赤口、天賊、荒無〔一六〕、破日、大耗、小耗、財離、勾絞、受死、九空、五虚日〔一七〕。

開庫店肆　甲子、乙丑、丙寅、己巳、庚午、辛未、甲戌、乙亥、丙子、己卯、壬午、癸未、甲申、庚寅、辛卯、乙未、己亥、庚子、癸卯、丙午、壬子、甲寅、乙卯、己未、庚申、辛酉、黄道、天月二德，及三合、六合、要安、滿、成、開日。忌建、破、魁罡、勾絞、陰陽錯、空亡、滅没、九空〔一八〕、空亡、財離、歲空、荒無、五虚、小耗、大耗、天賊、地賊〔一九〕、受死日、流財、亡嬴、四方耗、伏斷、囚〔二〇〕耗、虚敗、四忌、五窮、正四廢、九土鬼。

入宅歸火　甲子、乙丑、丙寅、丁卯、己巳、庚午、辛未、甲戌、乙亥、丁丑、癸未、甲申、庚寅、壬辰、乙未、庚子、壬寅、癸卯、丙午、丁未、庚戌、癸丑、甲寅、乙卯、己未、庚申、辛酉、滿、成、開日。忌家主本命日、對衝日、天空亡日、冰消、瓦陷、子午頭日、披麻殺、楊公忌日、荒無、滅没、伏斷、受死、歸忌、天賊、正四廢、天瘟、九醜、建、破、收〔二一〕十日。

移居　甲子、乙丑、丙寅、庚午、丁丑、乙酉、庚寅、壬辰、癸巳、乙未、壬寅、癸卯、丙午、庚戌、癸丑、乙卯、丙辰、丁巳、己未、庚申。忌與上同。

出行　甲子、乙丑、丙寅、丁卯、戊辰、己巳、庚午、辛未、甲戌、乙亥、丁丑、己卯、甲申、丙戌、庚寅、辛卯、甲午、乙未、庚子、辛丑、壬寅、癸卯、丙午、丁未、己酉、壬子、癸丑、甲寅、乙卯、丁巳、庚申、辛酉、滿、成、開日。忌建、破、魁罡、勾絞、天賊、受死、九空、財離、歸忌、九醜、咸池、小耗、五不歸、月厭、五鬼、離窠、轉殺〔三二〕、亡嬴、破敗、九土鬼、正四廢、陰陽錯、人民離日。

開荒田動土同　天福、豐旺、母倉、生炁、黄道、上吉。忌地火、焦坎、空亡。大月初六初八廿二廿三日，小月初八十一十三十七十九日〔三三〕爲田痕，後凡田事悉忌之。

耕田　乙丑、己巳、庚午、辛未、癸酉、乙亥、丁丑、戊寅、辛巳、壬午、乙酉、丙戌、己丑、甲午、己亥、辛丑、甲辰、丙午、癸丑、甲寅、丁巳、己未、庚申、辛酉、成、收、開日。忌土瘟、天賊、月殺、焦坎、大耗、小耗、月建、轉殺、滿日。

浸穀種　甲戌、乙亥、壬午、乙酉、壬辰、乙卯、成、開日。

下種　辛未、癸酉、壬午、庚寅、甲午、甲辰、乙巳、丙午、丁未、戊申、己酉、乙卯、辛酉。

插秧　庚午、辛未、癸酉、丙子、己卯、壬午、癸未、甲申、甲午、己亥、庚子、癸卯、甲辰、丙午、戊申、己酉、己未、辛酉、成、收、開日。

耘田　丙寅、丁卯、庚午、辛未、丙子、丁丑、庚辰、辛巳、丙戌、丁亥、庚寅、辛卯、丙申、丁酉、庚子、丙午、辛丑、丁未、庚戌、辛亥、丙辰、丁巳、庚申、辛酉、戊子，又丙丁庚辛日、成、收、開日。

割禾　庚午、壬申、癸酉、己卯、辛巳、壬午、癸未、甲午、癸卯、甲辰、己酉。

開場打稻　丙寅、丁卯、庚午、己卯、壬午、癸未、庚寅、甲午、乙未、癸卯、戊午、己未、癸丑。

種麥　庚午、辛未、辛巳、庚戌、庚子、辛卯，及八月三卯日。

種蕎麥　甲子、壬申、壬午、癸未、辛巳。

種麻　己亥、辛亥、辛巳、壬申、庚申、戊申，及正月三卯日。

種豆　甲子、乙丑、壬申、丙子、戊寅、壬午，及六月三卯日。

種瓜　甲子、乙丑、庚子、壬寅、乙卯、辛巳。

種薑　甲子、乙丑、壬申、戊〔二四〕午、辛巳、癸未、辛卯。

種菜　庚寅、辛卯、壬戌、戊寅。忌秋社前逢庚，秋社後逢己，在〔二五〕此十日。

種葱　甲子、甲申、己卯、辛未、癸〔二六〕巳、辛丑。

種蒜　戊辰、辛未、丙子、壬辰、癸巳、辛丑、戊申。

種芋　壬申、壬午、壬戌、癸巳、戊午、庚子、辛卯。

種果樹　丙子、戊寅、己卯、壬午、癸未、己丑、辛卯、戊戌、庚子、壬子、癸丑、戊午、己未、己亥、丙午、丁未、乙卯、戊申、己巳。

栽木　甲戌、丙子、丁丑、己卯、癸未、壬辰。

移接花木　滿、成、開日。

種作無蟲　正、三、五月壬日，四月丁、壬日，六月丁巳日，八月癸日，九、十二月丙日，十月庚日。

天地不收日、丙戌、壬辰、辛亥。天地不成日。乙未。

浴蠶　甲子、丁卯、庚午、壬午、戊午。忌庚戌蠶結死日。

出蠶　甲子、庚午、癸酉、庚辰、乙酉、甲午、乙巳、甲申、壬午、乙未、癸卯、丙午、丁未、戊申、甲寅、戊午。生旺開日。忌同上。

安蠶架箔　甲子、庚午、癸酉、丙子、戊寅、己卯、丙戌、庚寅、甲午、乙未、丙午、甲寅、戊午、生炁、滿、成、開，及卯、巳、午、未日。

作繰絲竈　子、寅、申、酉、成、收、開日。

經絡安機同　甲子、乙丑、丁卯、癸酉、甲戌、丁丑、己卯、癸未、甲申、辛巳、壬申、丁亥、戊子、己丑、壬辰、癸巳、甲午、丙申、丁酉、戊戌、己亥、壬寅、甲辰、乙巳、辛亥、壬子、癸丑、甲寅、丙辰，經絡宜滿、成、開日，安機宜平、定日。忌天賊、受死、荒蕪、大耗、小耗、勾絞、九土鬼、正四廢、建、破、收、平日。

開倉　庚午、己卯、辛巳、壬午、癸未、乙酉、己丑、庚寅，及天月二德、成、開、滿日。忌建、破、魁罡、勾絞、天賊、受死、九空、財離、歲空、五虚、破敗、虚敗、小耗、大耗、四耗日、流財、亡嬴、四忌、五窮、九土鬼、正四廢、陰陽錯日、長短星、赤口、空亡、咸池、十惡大敗。

五穀入倉 庚午、己卯、辛巳、壬午、癸未、乙酉、己丑、庚寅、癸卯、天德、月德、母倉、平、滿、成、收、穴、天德、月德〔二七〕。

起工動土 甲子、癸酉、戊寅、己卯、庚辰、辛巳、甲申、丙戌、甲午、丙申、戊戌、己亥、庚子、甲辰、癸丑、戊午、庚午、辛未、丙午、丙辰、丁未、丁巳、辛酉、黄道、月空、成、開日。忌建、破、魁罡、勾絞、玄武、黑道、天賊、受死、天瘟、土瘟、土忌、土府、土痕、地破、轉殺、九土鬼、正四廢、大殺入中宫日。

造地基 甲子、乙丑、丁卯、戊辰、庚午、辛未、己卯、辛巳、甲申、乙未、丁酉、己亥、丙午、丁未、壬子、癸丑、甲寅、乙卯、庚申、辛酉。忌同上。

起工破木〔二八〕 己巳、辛未、甲戌、乙亥、戊寅、己卯、壬午、甲申、乙酉、戊子、庚寅、乙未、己亥、壬寅、癸卯、丙午、戊申、乙〔二九〕酉、壬子、乙卯、己未、庚申、辛酉、成、開日。忌刀砧殺、木馬斧頭殺、天賊、受死、月破、荒無、破敗、次破敗、獨火、月火、雷火、魯般殺、建、破、魁罡、勾絞、月建、轉殺、九土鬼、正四廢、陰陽錯、荒無、赤口、大小空亡。

定磉扇架同 甲子、乙丑、丙寅、戊辰、己巳、庚午、辛未、甲戌、乙亥、戊寅、己卯、辛巳、壬午、癸未、甲申、丁亥、戊子、己丑、庚寅、癸巳、乙未、丁酉、戊戌、己亥、庚子、壬寅、癸卯、丙午、戊申、己酉、壬子、癸丑、甲寅、乙卯、丙辰、丁巳、己未、庚申、辛酉、黄道、天月二德、成、定日。忌朱雀、黑道、建、破、魁罡、天瘟、天賊、受死、轉殺、土鬼、土瘟、天火、獨火，次地火、火星、正四廢、荒無、陰陽錯。

豎造 己巳、辛未、甲戌、乙亥、乙酉、己酉、壬子、乙卯、己未、庚申十日全吉。又有戊子、乙未、己亥、己卯、甲申、庚寅、癸卯、黃道、天月二德、諸吉星成、開日。外有戊寅、丙寅、壬寅月家吉神多，亦可用。忌家主本命、對衝日、朱雀、黑道、獨火、月火、天火、狼籍、荒無，次地火、冰消、瓦陷、天瘟、天賊、建、破、魁罡、受死、魯般、刀砧殺，忌削血刃殺、魯般跌蹼殺、陰陽錯、楊公忌、正四廢、伏斷、九土鬼、火星。

上梁：並同上。

拆屋 甲子、乙丑、丙寅、戊辰、己巳、辛未、癸酉、甲戌、丁丑、戊寅、己卯、癸未、甲申、壬辰、癸巳、甲午、乙未、己亥、辛丑、癸卯、甲辰、乙巳、己酉、庚戌、辛亥、癸丑、丙辰、丁巳、庚申、辛酉、除、破日。忌正四廢、赤口、天賊。

蓋屋 甲子、丁卯、戊辰、己巳、辛未、壬申、癸酉、丙子、丁丑、己卯、庚辰、癸未、甲申、乙酉、丙戌、戊子、庚寅、丁酉、癸巳、乙未、己亥、辛丑、壬寅、癸卯、甲辰、乙巳、戊申、己酉、庚戌、辛亥、癸丑、乙卯、丙辰、庚申、辛酉。忌天火、八風、獨火、朱雀、黑道、天瘟、天賊、月破、受死、蚩尤、九土鬼、正四廢、轉殺、火星、午日。

泥屋 甲子、乙丑、己巳、甲戌、丁丑、庚辰、辛巳、乙酉、丁亥、庚寅、辛卯〔三〇〕、壬辰、癸巳、甲午、乙未、丙午、戊申、庚戌、辛亥、丙辰、丁巳、戊午、庚申、建、平日。忌同上。

偷修　壬子、癸丑、丙辰、丁巳、戊午、己未、庚申、辛酉。以上八日凶神朝天，併工造作無妨，雖此八日，在土上〔三二〕用事日內不可用。

修造門　甲子、乙丑、辛未、癸酉、甲戌、壬午、甲申、乙酉、戊子、己丑、辛卯、癸巳、乙未、己亥、庚子、壬寅、戊申、壬子、甲寅、丙辰、戊午、天德、月德、滿、成、開日。忌朱雀、黑道、建〔三三〕、破、何〔三三〕魁、勾絞、天瘟、天賊、受死、九空、財離、耗絕、九醜、死氣、官符、離窠、轉殺、冰消、瓦陷、天火、獨火，次地火、火星、四忌、五窮、九土鬼、正四廢、大殺入中宮門、大夫死日。

修門忌年九良星。己卯、丁亥、癸巳、甲辰在大門，壬寅、己未、庚申在門，丁巳在前門，丁卯、癸酉、己卯後門。

修門忌月丘公殺。甲巳年九月，乙庚年十一月，丙辛年正月，丁壬年三月，戊癸年五月，以上並在門。牛黄五七十一月在門，牛胎三九月在門，猪胎三四月在門，六甲孕神三九月在門，土公春夏在門，大小耗星正七月在門。

作門忌春不作東門、夏不作南門、秋不作西門、冬不作北門。庚寅日。門大夫死。

門光星。大月從下數至上逆行，小月從上數至下順行，一日一位遇白圈大吉，黑圈損六畜，人字損人不利。

○○●●●○○人人人○○○●●●○○○人人人○○○○○○

塞門塞路築堤塞水同　伏斷、閉。忌丙寅、己巳、庚午、丁巳。

開路　天德、月德、黄道、建、平日。忌月建、轉殺、天賊、正四廢、破日。

造橋梁起造宅舍同　其法以水來處爲坐水、去處爲向。忌寅、申、巳、亥日時。

造倉庫　乙丑、己巳、庚午、丙子、己卯、壬午、庚寅、壬辰、甲午、乙未、庚子、壬寅、丁未、甲寅、戊午、壬戌、滿、成、開日。忌建、破、魁罡、勾絞、天瘟、天賊、受死、月虚、五虚、十惡、九空、財離、小耗、大耗、天火、獨火，次地火、火星、轉殺、四忌、五窮、九土鬼、正四廢、冰消、瓦陷、四耗、朱雀、天牢、黑道、天地離日、荒無。

脩倉庫　丙寅、丁卯、庚午、己卯、壬午、癸未、庚寅、甲午、乙未、癸卯、戊午、己未、癸丑、滿、成、開日。忌同上。

造厨　丙寅、己巳、辛未、戊寅、己卯、甲申、乙酉、戊申、己酉、壬子、甲寅、乙卯、己未、庚申。竪造通用。

作竈　甲子、乙丑、己巳、庚午、辛未、癸酉、甲戌、乙亥、癸未、甲申、壬辰、乙未、辛亥、癸丑、甲寅、乙卯、己未、庚申、黄道、天赦、月空、正陽、五祥、定、成、開日，忌朱雀、黑道、天瘟、土瘟、天賊、受死、天火、獨火、十惡、四部、轉殺、毀敗、豐至、徽衝、九土鬼、正四廢、建、破、丙、丁、火星。　秋作大吉，春作次吉，夏不宜作。　戊子、戊午年不宜脩换，鼎新作之無妨。

作厠修厠同　己卯、庚辰、壬午、丙戌、癸巳、壬子、乙卯、戊午、己未、天乙絶氣、伏斷、土閉、天聾地啞日。忌正月二十九日。

穿井修井同　甲子、乙丑、癸酉、庚子、辛丑、壬寅、乙巳、辛亥、辛酉、癸亥、丙子、壬午、癸未、甲申、乙酉、戊子、癸巳、庚子、辛丑、戊戌、癸丑、丁巳、戊午、己未、庚申、黄道、天月二德，及合生炁、成日。忌黑道、天瘟、土瘟、天賊、受死、土忌、血忌、飛廉、九空、大小耗、水隔、九土鬼、正四廢、刀砧、天地轉殺、水痕、伏斷、三六七月，及卯日、泉竭泉閉日。

辛巳、己丑、庚寅、壬辰、戊申，已上係泉竭日。

戊辰、辛巳、己丑、庚寅、甲寅，已上係泉閉日。

開池　甲子、乙丑、、甲申、壬午、庚子、辛丑、辛亥、癸巳、癸丑、辛酉、戊戌、乙巳、丁巳、癸亥、成、閉日。忌玄武、黑道、天賊、土瘟、受死、小耗、大耗、龍口、伏龍、咸池、四部、黑帝死、冬壬癸日、大殺入中宫日、土鬼、天瘟、荒無、水痕、水隔、正四廢。

開溝渠　甲子、乙丑、辛未、己卯、庚辰、丙戌、戊申、開、平日。

作陂塘　甲子、己丑、庚午、癸酉、甲戌、戊寅、己卯、辛巳、癸未、甲申、乙酉、乙巳、庚寅、丙申、己亥、戊申、戊戌、壬子、癸丑、乙卯、伏斷、土閉、成日。忌滿、破、閉日，冬壬癸日。

築牆：動土通用。

造酒醋　丁卯、癸未、庚午、甲午、己未、春氐箕、夏亢、秋奎、冬危直日、星滿、成、開日。忌天牢、黑道、破日[三四]、勾絞、天賊、受死、小耗、大耗、月厭、死氣、天瘟、地賊、土鬼[三五]、荒無、滅没、上下弦月、破月忌晦日。

造麯　辛未、乙未、庚子。

造醬　丁卯。

醃藏瓜果　初一、初三、初七、初九、十一、十三、十五日。

醃臘下飯　黄道、生炁、天月二德，及合滿、成、開日。忌同上四條。

脩製藥餌　戊辰、己巳、庚午、壬申、乙亥、戊寅、甲申、丙戌、辛卯、壬辰、乙未、丙午、丁未、辛亥、戊午、己未、除、開、破日。

求醫服藥針灸同　丁卯、庚午、甲戌、丙子、丁丑、壬午、甲申、丙戌、丁亥、辛卯、壬辰、丙申、戊戌、己亥、庚子、辛丑、甲辰、乙巳、丙午、戊申、己酉、壬子、癸丑、乙卯、丙辰、壬戌、天醫、天巫、天解、要安、生氣、活曜、天月二德合〔三六〕、二德合。忌游禍日、水日、辛未、扁鵲死日，針灸忌白虎、黑道、月厭、月殺、獨火、死别、血支、血忌、火隔，男忌除日，女忌破日。

造桔槹　黄道、天月二德、生炁、三合、平、定日。忌黑道、虚耗、焦坎、地火、天〔三七〕火、土鬼、水隔、水痕、破日。

造器皿染顔色同　天成、天庫、禄庫、天財、地財、月財、金石、合福、厚天、月德。忌六不成、破敗日。

造床造粧奩同　黄道、生氣、要安、吉期、活曜、天慶、天瑞、吉慶、天月二德合、天喜、金堂、玉堂、益後、續性、三合、成日。忌天瘟、四廢、土鬼、建、破、魁罡、勾絞、火星、離窠、危日。

安床帳　甲子、乙丑、丙寅、丁卯、庚午、辛未、甲戌、丙子、庚辰、辛巳、丙戌、丁亥、癸巳、丁酉、戊戌、乙未、己亥、庚子、癸卯、甲辰、乙巳、丙午、甲寅、乙卯、丙辰、丁巳、戊午、己未、辛酉、壬戌、丁丑、乙酉、戊子、壬寅、閉日。忌天瘟、受死、天賊、卧尸、建〔三八〕、破、魁罡、勾絞、荒無、九空、空亡、離窠、正四廢、土鬼、陰陽錯、申、危日、火星。

裁衣合帳　甲子、乙丑、丙寅、丁卯、戊辰、己巳、癸酉、甲戌、乙亥、丙子、丁丑、己卯、庚辰、辛巳、癸未、甲申、乙酉、丙戌、丁亥、戊子、己丑、庚寅、壬辰、癸巳、甲午、乙未、丙申、戊戌、庚子、辛丑、癸卯、甲辰、乙巳、戊申、己酉、癸丑、甲寅、乙卯、丙辰、辛酉、壬戌，裁衣成、開日，合帳水閉日。裁衣吉星：角、亢、房、斗、牛、虚、壁、奎、婁、鬼、張、翼、軫。忌天賊、朱雀、黑道、月破、小耗、大耗、天火、月火、火星、正四廢、受死、長短星。

造船破木修造起工同

成造定䑧起造同

新船下水出行同　天德、月德、天月德合、要安、定、成日。忌風波、河伯、白浪、天賊、受死、月破、咸池、招摇、四激、殃敗、九坎、蛟龍、水隔、水痕、危日、張宿、觸水龍、江河離、子胥死、河伯死日、八風、土鬼、建、破、魁罡、勾絞、正四廢。

安碓磑安磨碾油榨同　庚午、辛未、甲戌、乙亥、庚寅、庚子、庚申。忌牛胎正七月。

結網　黑道、月殺、飛廉、受死、執、危、收日。

捕魚　戊辰、庚辰、己亥、魚會日。

畋獵　月殺、飛廉、執、危、收、十干上朔日。

作牛欄　甲子、戊辰、己巳、庚午、甲戌、乙亥、丙子、庚辰、壬午、癸未、庚寅、庚子、戊午、己未、辛酉。忌建、破、魁罡、勾絞、牛大血、血忌、牛飛廉、牛腹脹、牛刀砧、天賊、天瘟、九空、受死、小耗、大耗、九土鬼、正四廢。

作馬坊　甲子、丁卯、辛未、乙亥、己卯、甲申、戊子、辛卯、壬辰、庚子、壬寅、乙巳、壬子、天德、月德、成、開日。忌戊寅、庚寅、戊午、飛廉、刀砧、血忌、天瘟、天賊、建、破、魁罡、勾絞、受死、九空、土鬼、正四廢、小耗、大耗。

作猪圈　甲子、戊辰、壬申、甲戌、庚辰、戊子、辛卯、癸巳、甲午、乙未、庚子、壬寅、癸卯、甲辰、乙巳、戊申、壬子。忌天瘟、天賊、九空、受死、飛廉、刀砧、血忌、土鬼、破日、正四廢〔三九〕、小耗、大耗。

作羊棧　丁卯、戊寅、己卯、辛巳、甲申、庚寅、壬辰、甲午、庚子、壬子、癸丑、甲寅、庚申、辛酉。忌同上。

作雞鵝鴨棲窩　乙丑、戊辰、癸酉、辛巳、壬午、癸未、庚寅、辛卯、壬辰、乙未、丁酉、庚子、辛丑、甲辰、乙巳、壬子、丙辰、丁巳、戊午、壬戌、滿、成、開日。忌刀砧、大耗、小耗、天賊、正四廢、受死、天瘟、魁罡、勾絞、月破、飛廉、血忌、土鬼、正四廢。

買牛　丙寅、丁卯、庚午、癸未、甲申、辛卯、丁酉、戊戌、庚子、庚戌、辛亥、戊午、壬戌、成、收、開日，及正月寅午戌、六月亥卯未日。忌血支、血忌、刀砧、破群日。

納牛　丙寅、壬寅、乙巳、辛亥、戊午。忌同上。

穿牛鼻　戊辰、己巳、辛未、甲戌、乙亥、辛巳、乙酉、戊子、乙巳、乙卯、戊午、己未。忌刀砧、血忌。

教牛　庚午、壬午、甲午、庚子、辛亥、壬子、甲寅。

買馬　乙亥、乙酉、戊子、壬辰、乙巳、壬子、己未、收、成日。忌戊寅、戊申、甲寅日。

納馬　乙亥、己丑、乙巳。忌戊午，并破羣日、天賊、正四廢。

伏馬習駒　乙丑、己巳、甲戌、乙亥、丁丑、壬午、丙戌、戊子、己丑、癸巳、乙未、丙申、壬寅、丁未、己酉、甲寅、丙辰、丁巳、辛酉、癸亥、建、收日。

買猪　甲子、乙丑、癸未、乙未、甲辰、壬子、癸丑、丙辰、壬戌。忌破羣日。

買羊　甲子、丙寅、庚午、丁丑、庚辰、辛巳、壬午、癸未、甲申、己丑、甲午、庚子、丁巳、戊午。

取猫　甲子、乙丑、丙子、丙午、丙辰、壬午、庚午、庚子、壬子、天德、月德、生炁日。忌飛廉日、鶴神方、飛廉大殺方。

取犬 辛巳、壬午、乙酉、壬辰、甲午、乙未、丙午、丙辰、戊午、龍兔日。忌戊[四〇]日，并鶴神方。

納六畜 戊寅、壬午、辛卯、甲午、戊戌、己亥、壬子、成、收日。忌破群日。

諸吉神

日吉

月	青龍黃道	明堂黃道	金匱黃道	天德黃道	玉堂黃道	司命黃道
正七	子	丑	辰	巳	未	戌
二八	寅	卯	午	未	酉	子
三九	辰	巳	申	酉	亥	寅
四十	午	未	戌	亥	丑	辰
五十一	申	酉	子	丑	卯	午
六十二	戌	亥	寅	卯	巳	申

日吉

月	天德	月德	天德合	月德合
正	丁	丙	壬	辛
二	申	甲	巳	巳
三	壬	壬	丁	丁
四	辛	癸	丙	巳
五	亥	丙	丁[四一]	子[四二]
六	甲	申	巳	巳
七	癸	壬	戊	丁
八	寅	庚	亥	乙
九	丙	丙	丑[四三]	子[四四]
十	乙	甲	庚	巳
十一	己	壬	申	丁
十二	庚	庚	乙	乙

月恩	天喜	生炁	要安	玉堂	金堂	福生	益後	續世	月財	貴人吉人同	天財天慶同	上官地財同	天庫天成同	天官禄庭同
丙	戌	子	寅	卯	辰	酉	子	丑	午	己	辰	巳	未	戌
丁	亥	丑	申	酉	戌	卯	午	未	乙	卯	午	未	酉	子
庚	子	寅	卯	辰	巳	戌	丑	寅	巳	巳	申	酉	亥	寅
己	丑	卯	酉	戌	亥	辰	未	申	未	未	戌	亥	丑	辰
戊	寅	辰	辰	巳	午	亥	寅	卯	酉	酉	子	丑	卯	午
辛	卯	巳	戌	亥	子	巳	申	酉	亥	亥	寅	卯	巳	申
壬	辰	午	巳	午	未	子	卯	辰	午	丑	辰	巳	未	戌
癸	巳	未	亥	子	丑	午	酉	戌	乙	卯	午	未	酉	子
庚	午	申	午	未	申	丑	辰	巳	巳	巳	申	酉	亥	寅
乙	未	酉	子	丑	寅	未	戌	亥	未	未	戌	亥	丑	辰
甲	申	戌	未	申	酉	寅	巳	午	酉	酉	子	丑	卯	午
辛	酉	亥	丑	寅	卯	申	亥	子	亥	亥	寅	卯	巳	申

吉慶	榮官	豐旺福厚同	戊勳	吉期	三合	六合	月空	天巫	天醫	天解	敬心	普護	陰德	穴天狗
酉	卯	寅	午	卯	戌午	戌	壬	辰	丑	午	未	申	酉	辰
寅	卯	寅	午	辰	亥未	亥	庚	巳	寅	申	丑	寅	未	巳
亥	卯	寅	午	巳	申子	酉	丙	午	卯	戌	申	酉	巳	午
午〔四五〕	午	巳	酉	午	酉丑	申	甲	未	辰	子	寅	卯	卯	未
丑	午	巳	酉	未	戌寅	未	壬	申	巳	寅	酉	戌	丑	申
午	午	巳	酉	申	亥卯	午	庚	酉	午	辰	卯	辰	亥	酉
卯	酉	申	子	酉	辰子	巳	丙	戌	未	午	戌	亥	酉	戌
申	酉	申	子	戌	巳丑	辰	甲	亥	申	申	辰	巳	未	亥
巳	酉	申	子	亥	午寅	卯	壬	子	酉	戌	亥	子	巳	子
戌	子	亥	卯	子	未卯	寅	庚	丑	戌	子	巳	午	卯	丑
未	子	亥	卯	丑	申辰	丑	丙	寅	亥	寅	子	丑	丑	寅
子	子	亥	卯	寅	酉巳	子	甲	卯	子	辰	午	未	亥	卯

日吉(四六)

月	春	夏	秋	冬
天赦	戊寅	甲午	戊申	甲子
母倉(季月土王後用巳午日)	亥子	寅卯	辰戌丑未	申酉
旺日	甲乙寅卯	丙丁巳午	庚辛申酉	壬癸丑子
相日	丙丁巳午	戊巳辰壬丑未	壬癸亥子	甲乙寅卯
天貴	甲乙	丙丁	庚辛	壬癸

天恩日：甲子乙丑丙寅丁卯戊辰己卯庚辰辛巳壬午癸未己酉庚戌辛亥壬子癸丑

天瑞日：戊寅己卯辛巳庚寅壬子

天福日：辛巳庚寅辛卯壬辰癸巳己亥庚子辛丑乙巳丁巳庚申

五合日：丙寅丁卯(陰陽合)戊寅己卯(人民合)庚寅辛卯(金石合)壬寅癸卯(江河合)甲寅乙卯(日月合)

鳴吠日：庚午壬申癸酉壬午甲申乙酉庚寅丙申丁酉壬寅丙午己酉庚申辛酉

鳴吠對日：丙寅丁卯丙子辛卯甲午庚子癸卯壬子甲寅乙卯

諸凶神

四廢春庚申辛酉夏壬子癸丑秋甲寅乙卯冬丙午丁巳

日凶

月	正七	二八	三九	四十	五十一	六十二
天刑黑道	寅	辰	午	申	戌	子

月	朱雀黑道	白虎黑道	天牢黑道	玄武黑道	勾陳黑道
正、二	卯	午	申	酉	亥
三、四	巳	申	戌	亥	丑
五、六	未	戌	子	丑	卯
七、八	酉	子	寅	卯	巳
九、十	亥	寅	辰	巳	未
十一、十二	丑	辰	午	未	酉

日凶

月	建日人皇人后上府同	破日　福	河魁大禍及勾絞同	天罡滅門及勾絞同	月殺月虛	天火狼籍	冰消瓦陷	披麻殺	獨火月火
正	寅	申	亥	巳	丑	子	巳	子	巳
二	卯	酉	午	子	戌	卯	子	酉	辰
三	辰	戌	丑	未	未	午	丑	午	卯
四	巳	亥	申	寅	辰	酉	申	卯	寅
五	午	子	卯	酉	丑	子	卯	子	丑
六	未	丑	戌	辰	戌	卯	戌	酉	子
七	申	寅	巳	亥	未	午	亥	午	亥
八	酉	卯	子	午	辰	酉	午	卯	戌
九	戌	辰	未	丑	丑	子	未	子	酉
十	亥	巳	寅	申	戌	卯	寅	酉	申
十一	子	午	酉	卯	未	午	酉	午	未
十二	丑	未	辰	戌	辰	酉	辰	卯	午

天地荒無	巳	酉	丑	辰	申	子〔四七〕	卯	未	亥〔四八〕	寅	戌	午〔四九〕
死炁官符	午	未	申	酉	戌	亥	子	丑	寅	卯	辰	巳
飛廉大殺	戌	巳	午	未	寅	卯	辰	亥	子	丑	申	酉
天賊	辰	酉	寅	未	子	巳	戌	卯	申	丑	午	亥
天瘟	未	戌	辰	寅	午	子	酉	申	巳	亥	丑	卯
小耗	未	申	酉	戌	亥	子	丑	寅	卯	辰	巳	午
大耗	申	酉	戌	亥	子	丑	寅	卯	辰	巳	午	未
九空焦坎財離歲空同	辰	丑	戌	未	卯	子	酉	午	寅	亥	申	巳
陰錯	庚戌	辛酉	庚申	丁未	丙午	丁巳	甲辰	乙卯	甲寅	癸丑	壬子	癸亥
陽錯	甲寅	乙卯	甲辰	丁巳	丙午	丁未	庚申	辛酉	庚戌	癸亥	壬子	癸丑
牢日	未	未	未〔五〇〕	未	未	未	戌	戌	戌	丑	丑	丑
獄日	申	申	申〔五一〕	戌	戌	戌	丑	丑	丑	辰	辰	辰
徒隸	酉	酉	酉〔五二〕	亥	亥	亥	寅	寅	寅	巳	巳	巳
死別	戌	戌	戌	丑	丑	丑	辰	辰	辰	未	未	未
伏罪	亥	亥	亥	寅	寅	寅	巳	巳	巳	申	申	申

不舉	刑獄	月厭	厭對	天寡	地寡	紅沙殺	吟神	天雄	地雌	往亡	無翹	刀砧殺	木馬殺	斧頭殺
子	丑	戌	辰	卯	酉	酉	酉	戌	辰	寅	亥	亥子	巳	辰
子	丑	酉	卯	卯	酉	酉	巳	亥	巳	巳	戌	亥子	未	辰
子	丑	申	寅	卯	酉	酉	丑	子	午	寅〔五三〕	酉	亥子	酉	辰
卯	辰	未	丑	午	子	酉	酉	丑	未	亥	申	寅卯	申	未
卯	辰	午	子	午	子	巳	巳	寅	申	卯	未	寅卯	戌	未
卯	辰	巳	亥	午	子	巳	丑	卯	酉	子〔五四〕	午	寅卯	子	未
午	未	辰	戌	酉	卯	巳	酉	辰	戌	酉	巳	巳午	亥	酉
午	未	卯	酉	酉	卯	巳	巳	巳	亥	子	辰	巳午	丑	酉
午	未	寅	申	酉	卯	丑	丑	午	子	辰	卯	巳午	卯	酉
酉	戌	丑	未	子	午	丑	酉	未	丑	未	寅	申酉	寅	子
酉	戌	子	午	子	午	丑	巳	申	寅	戌	丑	申酉	辰	子
酉	戌	亥	巳	子	午	丑	丑	酉	卯	丑	子	申酉	午	子

月	魯般殺	月建轉殺	四部	地破	破敗	太地火	毀敗	豐至	徵衝	地火	鬼火	土瘟	五虛	卧尸	楊公忌
正	子		午	亥	申	巳	寅	申	酉	戌	戌	辰	丑	子	十二
二	子	卯	午	子	戌	午	寅	申	酉	酉	亥	巳	丑	酉	十一
三	子		午	丑	子	未	辰	戌	亥	申	子	午	丑	未	初九
四	卯		卯	寅	寅	申	辰	戌	亥	未	丑	未	子	申	初七
五	卯	午	卯	卯	辰	酉	午	子	丑	午	寅	申	子	巳	初五
六	卯		卯	辰	午	戌	午	子	丑	巳	卯	酉	子	辰	初三
七	午		子	巳	申	亥	申	寅	卯	辰	辰	戌	未	卯	初一 廿九
八	午	酉	子	午	戌	子	申	寅	卯	卯	巳	亥	未	寅	廿七
九	午		子	未	子	丑	戌	辰	巳	寅	午	子	未	丑	廿五
十	酉		酉	申	寅	寅	戌	辰	巳	丑	未	丑	寅	午	廿三
十一	酉	子	酉	酉	辰	卯	子	午	未	子	申	寅	寅	戌	廿一
十二	酉		酉	戌	午	辰	子	午	未	亥	酉	卯	寅	亥	十九

血忌牛火血同	天窮	日流財	亡嬴	四方耗	七[五八]忌	八座	地中白虎	重喪	龍虎	受死	帰[六一]忌	游禍	血支	咸池伏口伏龍同
丑	子	亥	甲子[五六]	初二	寅	亥	巳	午[五九]庚	巳	戌	丑	巳	丑	卯
未	寅	申	甲午	初三	巳	子	辰	乙辛	亥	辰	寅	寅	寅	子
寅	午	巳	甲戌	初四	申	丑	卯	戊己	午	亥	子	亥	卯	酉
申	酉	寅	丁卯	初五	亥	寅	寅	丙壬	子	巳	丑	申	辰	午
卯	子	卯	丁丑[五七]	初二	卯	卯	丑	午[六〇]癸	未	子	寅	巳	巳	卯
酉	寅	午	庚辰	初三	午	辰	子	戊己	丑	午	子	寅	午	子
辰	午	子	庚寅	初四	酉	巳	亥	甲庚	申	丑	丑	亥	未	酉
戌	酉	酉	庚子	初五	子	午	戌	乙辛	寅	未	寅	申	申	午
巳	子	丑	戊辰	初二	辰	未	酉	戊己	酉	寅	子	巳	酉	卯
亥	寅	未	癸亥	初三	未	申	申	丙壬	卯	申	寅	寅	戌	子
子	午	辰	癸巳	初四	戌	酉	未	丁癸	戌	卯	丑[六二]	亥	亥	酉
午[五五]	酉	戌	癸亥	初五	丑	戌	午	戊己	辰	酉	子	申	子	午

白浪	招摇	四激	殃敗	蛟龍	天隔	人隔	神隔	鬼隔	火隔	水隔	長星	短星	天乙絕氣	牛飛廉
寅	辰	丑	卯	未	寅	酉	巳	申	午	戌	初七	廿一	初六	午
卯	卯	丑	寅	申	子	未	卯	午	辰	申	初四	十九	初七	午
辰	寅	丑	丑	戌	戌	巳	丑	辰	寅	午	初一	十六	初八	申
巳	丑	戌	子	申	申	卯	亥	寅	子	辰	初九	廿五	初九	申
午	子	戌	亥	戌	午	丑	酉	午	戌	寅	十五	廿五	初十	戌
未	亥	戌	戌	丑	辰	亥	未	戌	申	子	初十	二十	十一	戌
申	戌	辰	酉	辰	寅	酉	巳	申	午	戌	初八	廿二	十二	子
酉	酉	辰	申	未	子	未	卯	午	辰	申	初二 初三	十八 十九	十三	子
戌	申	辰	未	辰	戌	巳	丑	辰	寅	午	初三 初四	十六 十七	十四	寅
亥	未	未	午	申	申	卯	亥	寅	子	辰	初一	十四	十五	寅
子	午	未	巳	子	午	丑	酉	午	戌	寅	十二	廿二	十六	辰
丑	巳	未	辰	巳	辰	亥	未	戌	申	子	初九	廿五	十七	辰

牛腹脹	申	申	申	丑	丑	丑	辰	辰	辰	未	未	未
天狗	子	丑	寅	卯	辰	巳	午	未	申	酉	戌	亥
天狗下食時	子日亥丑	丑日子	寅日丑	卯日寅	辰日卯	巳日辰	午日巳	未日午	申日未	酉日申	戌日酉	亥日戌

日凶

年	子	丑	寅	卯	辰	巳	午	未	申	酉	戌	亥
風波日	子	丑	寅	卯	辰	巳	午	未	申	酉	戌	亥
河伯日	亥	子	丑	寅	卯	辰	巳	午	未	申	酉	戌

四離日：春分、秋分、夏至、冬至前一日。

四絶日：立春、立夏、立秋、立冬前一日。

天休廢日：正四七十月，初四、初九、二五；八十一月，十八、十三；三六九十二月，廿二、廿七。

赤口日：正七月，初三、初九、十五、廿一、廿七；二八月，初四〔六三〕、初八、十四、二十、廿六；三九月，初一、初七、十三、十九、廿五；四十月，初六、十二、廿四、三十；五十一月，初五、十一、十七、廿三、廿九；六十二月，初四、初十、十六、廿二、廿八。

九土鬼日：乙酉、癸巳、甲午、辛丑、壬寅、己酉、庚戌、丁巳、戊午。其日與建、破、魁罡相并者大凶，餘日無妨。

伏斷日：子虛、丑[六四]斗、寅室、卯女、辰箕、巳房、午角、未張、申鬼、酉觜、戌胃、亥壁。

天空亡日：丁丑、戊寅、丁未、戊申、壬辰、癸巳、壬戌、癸亥。

大小空亡日：正月初六、十四、廿二、三十；大。初二、初十、十八、廿六。小。二月初五、十三、廿一、廿九；大。初一、初九、十七、廿五。小。三月初四、十二、二十、廿八；大。初八、十六、廿四。小。四月初三、十一、十九、廿七；大。初七、十五、廿三。小。五月初二、初十、十八、廿六；大。初六、十四、廿二、三十。小。六月初一、初九、十七、廿五；大。初五、十三、廿一、廿九。小。七月初八、十六、廿四；大。初四、十二、二十、廿八。小。八月初七、十五、廿三；大。初三、十一、十九、廿七。小。九月初六、十四、廿二、三十；大。初二、初十、十八、廿六。小。十月初五、十三、廿一、廿九；大。初一、初九、十七、廿五。小。十一月，初四、十二、二十、廿八；大。初八、十六、廿四。小。十二月初三、十一、十九、廿七；大。初七、十二、十五、廿三。小。

大殺入中宮日：戊辰、丁丑、丙戌、乙未、甲辰、癸丑、壬戌。非辰或丑未月則不忌。

十惡大敗日：甲辰、乙巳、壬申、丙申、丁亥、庚辰、戊戌、癸亥、辛巳、己丑。

四時大墓日：春乙未、夏丙戌、秋辛丑、冬壬辰。
滅没日：虚爲滅，盈爲没。
猖鬼敗亡日：丁卯、戊辰、壬申、戊寅、辛巳、戊子、己丑、戊戌、己亥、辛丑、戊申、庚戌、辛亥、戊午、庚申、壬戌。
上朔日：甲年癸亥，乙年己巳，丙年乙亥，丁年辛巳，戊年丁亥，己年癸巳，庚年己亥，辛年乙巳，壬年辛亥，癸年丁巳。
九醜日：己卯、壬午、乙酉、戊子、辛卯、己酉、壬子、戊午、辛酉。
天地離日：丙申、丁酉。
人民離日：戊申、己酉。
黑帝死日：甲戌。
天聾日：丙寅、戊辰、丙子、丙申、庚子、壬子、丙辰。
地啞日：乙丑、丁卯、己卯、辛巳、乙未、丁酉、己亥、辛丑、辛亥、癸丑、辛酉。
四耗日：春壬子，夏乙卯，秋戊午，冬辛酉。
四不祥日：每月初四、初七、十六、十九。
虚敗日：春己酉，夏甲子，秋辛卯，冬庚午。

四忌五窮日：春甲子、乙亥，夏丙子、丁亥，秋庚子、辛亥，冬壬子、癸亥。
五不歸日：己卯、辛巳、丙戌、壬辰、丙申、己酉、辛亥、壬子、丙辰、庚申、辛酉。
離窠日：丁卯、戊辰、己巳、壬申、庚辰〔六五〕、辛巳、壬午、戊子、己丑、戊戌、己亥、辛丑、辛亥、戊午、壬戌、癸亥。
火星日：子午卯酉月，甲子、癸酉、壬午、辛卯、庚子、己酉、戊午；寅申巳亥月，乙丑、甲戌、癸未、壬辰、辛丑、庚戌、己未、壬戌〔六六〕、辰戌；丑未月，壬申、辛巳、庚寅、己亥、戊申、丁巳。
水痕日：大月初一、初七、十一、十七、廿三、三十，小月初三、初七、十二、廿六。
土痕日：大月初三、初五、初七、十五、十八，小月初一、初二、初六、廿二、廿六、廿七。
田痕日：大月初六、初八、廿二、廿三，小月初八、十一、十三、十七、十九。
重復日：每月己亥。
破群日：每月庚寅、甲寅、戊辰、壬申、庚申。
張宿日：丙子、癸未、戊戌、癸丑、乙卯。
觸水龍日：丙子、癸未、癸丑。

江河離日：壬申、癸酉。

八風日：春丁丑、己酉，夏甲申、甲辰，秋辛未、丁未，冬甲戌、甲寅。

風伯死日：甲子。

子胥死日：壬辰。

河伯死日：庚辰。

黄黑道時

子午日：子、丑、卯、午、申、酉，爲黄道，餘爲黑道。

丑未日：寅、卯、巳、申、戌、亥，爲黄道，餘爲黑道。

寅申日：子、丑、辰、巳、未、戌，爲黄道，餘爲黑道。

卯酉日：子、寅、卯、午、未、酉，爲黄道，餘爲黑道。

辰戌日：寅、辰、巳、申、酉、亥，爲黄道，餘爲黑道。

巳亥日：丑、辰、午、未、戌、亥，爲黄道，餘爲黑道。

校記

〔一〕「敗」：萬本作「路」。

〔二〕萬本無「九醜」。

〔三〕萬本「鬼」字下有「滅没」二字。

〔四〕萬本兩「錯」譌作「醋」。

〔五〕萬本「嫁娶周堂」後，多兩行小字「大月」「小月」，與「納壻周堂」後同。

〔六〕萬本「第」作「弟」。此下三「第」字同，不另出校。

〔七〕萬本「賊」作「窮」。

〔八〕萬本「喪」作「辰」。

〔九〕萬本「陰」字下有「錯」字。

〔一〇〕萬本「日」字後有「更宜福生普護」一句，無「天德月德福德」六字。

〔一一〕萬本「隔」作「狗」。

〔一二〕萬本「庚辰」作「辛卯」。

〔一三〕萬本「狗」作「神」。

〔一四〕「丑」：萬本作「卯」。

〔一五〕「癸未」：萬本作「庚寅」。

〔一六〕「無」：萬本作「蕪」。

〔一七〕「九空五虚日」：萬本作「忌同前出財」。

〔一八〕「空」：萬本作「焦」。

〔一九〕「地賊」：萬本作「天窮」。

〔二〇〕「囚」：萬本作「四」。

〔二一〕「收」：嘉本殘缺，依萬本補。

〔二二〕「轉殺」：萬本作「滅没」。

〔二三〕「十九日」：萬本缺此三字。

〔二四〕「戊」：萬本作「壬」。

〔二五〕「在」：萬本作「住」。

〔二六〕「癸」：萬本作「辛」。「種芋」條同。

〔二七〕「天德月德」：萬本作「天狗日忌同上」。

〔二八〕「木」：嘉本原作「土」，據目録改。按：此前已有「起工動土」條，此處不宜再有「起工破土」。

〔二九〕「乙」：萬本作「己」。

〔三〇〕「卯」：嘉本漫漶，依萬本補。

〔三一〕「上」：萬本作「王」。

〔三二〕「建」：萬本作「歲」。

〔三三〕「何魁」：萬本作「魁罡」。

〔三四〕「破日」：萬本作「天獄」。

〔三五〕「地賊土鬼」：萬本作「九土鬼正」。

〔三六〕「合」：萬本作「天」。

〔三七〕「天」：萬本作「上」。

〔三八〕「建」：萬本作「津」。

〔三九〕「廢」字下萬本多一「並」字。

〔四〇〕「日忌戊」：嘉本原缺，依萬本補。

〔四一〕「丁」：萬本作「寅」。

〔四二〕「丑」：萬本作「辛」。

〔四三〕「巳子」：萬本作「乙辛」。

〔四四〕「子」：萬本作「辛」。

〔四五〕「午」：萬本作「辰」。

〔四六〕「吉」：嘉本譌作「凶」，依萬本改。

〔四七〕「辰申子」：萬本作「申子辰」。

〔四八〕「卯未亥」：萬本作「亥卯未」。

〔四九〕「戌午」：萬本作「午戌」。

〔五〇〕「未未未」：萬本作「辰辰辰」。

〔五一〕「申申申」：萬本作「未未未」。
〔五二〕「酉酉酉」：萬本作「申申申」。
〔五三〕「寅」：萬本作「申」。
〔五四〕「子」：萬本作「午」。
〔五五〕「子午」：萬本作「午子」。
〔五六〕「子」：萬本作「寅」。
〔五七〕「丑」：萬本作「巳」。
〔五八〕「七」：萬本作「土」。
〔五九〕「午」：萬本作「甲」。
〔六〇〕「午」：萬本作「丁」。
〔六一〕「婦」：萬本作「歸」。
〔六二〕「寅丑」：萬本作「丑寅」。
〔六三〕「四」：萬本作「二」。
〔六四〕「丑」：嘉本作「五」，依萬本改。
〔六五〕「庚辰」：萬本作「戊寅」。
〔六六〕「壬戌」：萬本無。

便民圖纂卷第十一

起居類

起居格言 起居不節，用力過度，則脉絡傷；傷陽則衄，傷陰則下。○久視傷神；久立傷骨；久行傷筋；久坐傷血；久卧傷氣。○春宜夜卧早起，以使志生；逆之則傷肝，夏爲寒變。○夏宜夜卧早起，使志無怒，使氣得泄；逆之則傷心，秋爲痢瘧。○秋宜早卧早起，使志安寧，收歛神氣；逆之則傷肺，冬爲飧泄。○冬宜早卧晚起，去寒就温，無泄皮膚；逆之則傷腎，春爲痿厥。○大喜墜陽；大怒破陰；大怖生狂；大恐傷腎。○有所失忘，求而不得，則發爲肺鳴。肺鳴則肺熱，其肺葉焦，而爲痿癖。○悲哀太甚，則胞絡絶，而心下崩，數溺血而爲肌痺。○思想無窮，而所願不得，意淫於外，行房太甚，則發爲筋痿，及爲白濁〔一〕。○心有所憎，不用深憎；心有所愛，不用深愛；不然則損性傷神。○談笑以惜精氣爲本，多笑則腎轉腰疼。○眼者身之鏡，視多則鏡昏。耳者身之牖，聽多則牖閉。面者神之庭，心悲則面焦。髮者腦之華，腦減則髮素。○氣清則神暢，氣濁則神昏，氣亂則神勞，氣衰則神去，起晏則神不清。

省心法言　天道遠，人道邇，順人情，合天理。○身閑不如心閑；藥補不如食補。○富貴不知止，殺身；飲食不知節，損壽。○戒酒後語，忌食時嗔，忍難耐事，順不明人。○無事當貴，無災當福，調攝當藥，蔬食當肉。○富貴不儉貧時悔；見事不學用時悔；醉後狂言醒時悔；安不將息病時悔。○務德莫如滋；去惡莫如盡。○嘉穀不早實，大器當晚成。○大富由命，小富由勤。○一年之計在春；一日之計在寅；一生之計在勤〔二〕。○欲成家，置兩犁；欲破家，置兩妻。○安分身無辱，知幾心自閑。○起家之子，惜糞如金；敗家之子，棄金如糞。○得意處，早回頭；力到處，行方便。○避色如避仇，避風如避箭。○作福不如避罪，服藥不如忌口。○服藥千朝，不如獨宿一宵；飲酒千斛，不如飽飡一粥。○麄茶淡飯飽即休，補綴遮寒暖即休。○得忍且忍，得戒且戒；不忍不戒，小事成大。○知足常足，終身不辱；知止常止，終身不恥。○舌存以軟，齒亡以剛。○百戰百勝，不如一忍；萬言萬當，不如一默。○教子嬰孩，教婦初來。○至樂莫如讀書，至要莫如教子。○遺子千金，不如教子一經；養身百計，不如隨身一藝。○養兒〔三〕如虎，猶恐如鼠；養女如鼠，猶恐如虎。○至富不造屋，至貧莫賣屋。○君子之交淡若水，小人之交甘若醴。○君子擇而後交，故寡尤；小人交而後擇，故多怨。○結朋須勝己，似我不如無。○相識圖相益，濟人須濟急。○施恩勿求報，與人勿追悔。

起居之宜 五更時，以兩手摩擦令極熱，熨面及腮去皺紋，熨眼明目。○早起以左右手摩腎，次摩脚心，則無脚氣諸疾。○雞鳴時，扣齒三十六遍，䑛唇漱口，舌撩上齶三過，能殺蟲補虛損。○齒宜朝暮扣會神。○卒遇凶惡事，當扣左齒三十六，名撞天鐘，辟邪氣；扣右齒名搥天磬；扣中央齒，名擊天鼓，則變凶爲吉。○早行含煨生薑少許，不犯露霧；若腹實及飲酒能解瘴氣。○大寒冷早出，噙真酥油則耐寒。○行路勞倦，骨疼，宜得暖處睡。○行路多，夜向壁角拳足睡，則明日足不勞。○入山山精老魅，多來試人，或作人形，當懸明鏡九寸於背後，以辟衆惡。蓋鬼魅雖能變形，而不能使鏡中之形變其形，在鏡中則銷亡退走，不敢爲害。○渡江河，朱書禹字佩之，能免風濤之厄。○凡食訖，以温水漱口，則無齒疾。○食後以小紙捻打噴嚏數次，使氣通，眼目自明〔四〕，痰自化。○晚飯少，及卧不覆面，皆得壽。○晚飯後，徐步庭下，無病。○臨睡宜服去痰之藥〔五〕。○將睡叩齒則牙牢。○睡宜拳足，覺宜伸舒。○枕内放麝香一臍，能辟邪惡，安決明子、菊花，能明目。○夜卧或側或仰，一足伸，一足屈，勿令並，則無夢泄之患。○夜卧以鞋一覆一仰，則無魘與惡夢。○夜魘者，取梁上塵吹鼻中，即醒。○夜起用氊作鞋，或以氊襯則足温，不受寒邪。○夜起坐，以手攀脚底，則無轉筋之疾。○不語，唾塗瘡則腫消；舔大拇指節背，塗眼則目至老不昏。○未語時，服補藥入腎經。

起居雜忌　用吹〔六〕湯洗面，則無精神。○水過夜，面上有五色光彩者，不可洗手。若磨刀水洗手，則生癬。○遠行觸熱，及醉後用冷水洗面，則生黑䵟成目疾。○有目疾者，沐浴及房事則目盲。○凌霄花露入眼，則失明。○久視雲漢及日光損目。○燒甘蔗柤及夏月枕鐵石等物，目暗。○諸禽獸油點燈，令人目盲。○馬尾作刷牙損齒。○頻浴，熱氣壅腦，血凝而氣散。○飢忌浴，飽忌沐。晦日浴，朔日沐，吉。○沐浴未乾不可睡。○猛汗時，河内浴，成骨痺。○坐卧沐浴，勿當簷風及窗隙風皆成病。○大汗偏脱衣，得偏風，半身不遂。醉後汗出脱衣靴，當風取凉，成脚氣。○汗出及醉時，不可令人扇，生偏枯疾。○空心茶加鹽，直透腎經，又冷胃。○食飽不可洗頭，洗頭不宜冷水〔七〕。○嗅臘梅花生鼻痔。○橘花上有蠱毒，及凌霄、金錢花亦皆有毒，不可近鼻聞。○麝香、鹿茸皆有細蟲，聞之則蟲入腦。○虎豹皮上睡，驚神，毛入瘡，有大毒。○夏月不宜坐日晒石上，熱則成瘡，冷則成疝。○夏月遠行，不宜用冷水濯足。雪寒，草履不可用。○熱湯洗足。○夏月并醉時，不可露卧，生風癬，冷痺。○食飽即睡，成氣疾。○凡睡覺，飲水更眠成水癖。○雷鳴時，不可仰卧。○星月下，不可裸形。○向星辰日月，神堂廟宇，不可大小便。○夜間不宜朝西北小便。○夜行勿歌唱大叫。○夜間不宜説鬼神事。○口吹燈，則損氣。○停燈行房損壽。○本命日及風雨雷電日，月薄蝕，庚申、甲子并朔、望、晦日，四時二社二分二至，並忌房事。○朔不可哭，晦不可歌。

人事防閑 夜飲之家，多生奸盗。○夜間卧處停燈，與賊爲眼。○夜間犬吠，宜密唤醒同伴，不可自解説云，不是盗賊。○夜獨起，必唤知同伴。○出門向外，必回身掩門，恐盗乘隙而入。○起逐盗賊，防改易元路。○賊以物入探，不可用手拏。○夜覺盗入，直叫有賊，令自竄，不可輕易趕逐。○遇賊不可乘暗擊之，恐誤擊自家人。○夜遇物有聲，只言有賊，不可指言鼠及猫犬。○獲得盗賊，即便解官，不可久留，恐有他變，及不可先自將賊打傷。○臨睡吹燈時，須剔落燈花，剔起燈草，剔去燭燼，然後吹滅。有警急時，易爲點照[八]。○上床時，鞋子頭須向外，倉卒易着[九]。○睡人不宜戲畫其面，或致魘死。○竈前不可有積薪；竈邊水缸，夜須汲滿，以備不虞。○宿火不可蓋烘籃，低屋不宜炙蠶簇。○暮年不宜置寵。○蓄妾不宜太慧。○婦人奴婢之言，不可輕信。○别宅不可置寵。○婢僕常防私通。○奴婢不可自撻。○婢妾不可遽遣。○有子勿置乳母。○親鄰不宜假借。○養義子當别嫌，養親戚慮後患。○同居不必私藏，分財不可輕重。○幹人須擇淳謹，狡獪不可任用。○親賓戒虐以酒。○背後不可譏議。○恤鄰里，防緩急。○置便門，防盗寇。○失物便宜急尋。○小兒當謹其出入，不可衣以金珠。○

棺中不宜厚歛，墓中不宜厚葬。○起造須是預備，陂塘及時脩治。○賦税早當輸納，逋債不可輕舉。○元〔一〇〕事須自區處。○言語切戒暴厲。○見人富貴不可妬，見人貧賤不可欺，見人之善不可掩，見人之惡不可〔一一〕揚。

營造避忌　人家居處，宜高燥潔凈。○造屋不宜作兩間、四間，兩家門不宜正相對。○造屋不可先築墻及外門。○凡門以栗木爲關者，可以遠盜。○東北開門，多招怪異之事。○門口不宜有水坑，大樹不宜當門。○門前青草多愁怨，門外垂楊并吉祥。○墻頭衝門，直路衝門，神社對門，與門中水出，並凶。○房門不可對天井，厨房門不可對房門。○桑樹不宜作屋料，死樹不宜作棟梁。○屋後不可種芭蕉。○中庭不宜種樹。○大樹不宜近軒。○廳内房前、堂後，不〔一二〕宜開井。○古井及深穽中，有毒氣，不可入。○窺古井損壽。○塞古井，令人音〔一三〕聾。○井畔不宜栽柳〔一四〕。○井竈不宜相見。○作竈不宜用壁泥。○刀斧不宜安竈上，簸箕不宜安竈前。○女子不宜祭竈。○婦人不宜跂竈坐。○竈前不宜歌笑、罵詈、吟哭、呪咀、無禮。○竈灰不宜棄厠中。○上厠不可唾。○上厠之時，咳嗽兩三聲，吉。

飲食宜忌　古云：善養性者，先渴而飲；飲不過多，多則損氣；渴則傷血。先飢而食，食不過飽，飽則傷神，飢則傷胃。○飲食務取益人者，仍節儉爲佳。若過多覺膨脹〔一五〕，短氣，便成疾。○陶隱居云：「食戒欲麄并欲速，寧可少食相接續，莫教一飽頓充腸，損氣傷心非爾福。」○又云：「生冷粘膩筋韌物，自死牲牢皆勿食，饅頭閑〔一六〕氣莫過多，生膾偏招脾胃疾。鮓醬胎卵兼油膩，陳臭淹藏盡陰類，老人朝暮更飡之，是借寇兵無以異。」○侵晨食粥，能暢胃氣，生津液。○老人常以生牛乳煮粥食之，有益。○茶宜漱口，不宜多啜。○空心茶，卯時酒，申時飯，皆宜少。○諺云：「上床蘿蔔下床薑。」蓋夜食蘿蔔則消酒食；清晨食薑，則能開胃。芻蕘之言，亦不可忽也如是。○多種雞頭、薯芋〔一七〕，可以代食。山藥、鳧茨，可以充飢。○麪不宜過水，以滚湯候冷代水用之。○食麪後如欲飲酒，須先以酒嚥去目漢椒三二粒，則不爲病。○食蓮子宜蒸熟去心〔一八〕，生則脹腸，不去心，則成霍亂。○食生藕：除煩渴，解酒毒；若〔一九〕蒸熱食之，甚補五臟，實下焦，與蜜同食，令腹臟肥不生諸蟲。○生果停久，有損處者不可食。○甜瓜沉水者殺人，雙蒂者亦然。○薑〔二〇〕無紋有毛，及煮不熟者，不可食。○酒漿上不見人物影者，不可食。○暑月磁器，如日晒太熱者，不可使盛飲食。○銅器内盛酒過夜者，不可飲〔二一〕。○盛蜜瓶作鮓，不可食。○凡肉汁藏器中，氣不泄者有毒，以銅器蓋之，汗滴入者，亦有毒。○肉經宿，并熟雞過夜不再煮，不可食。○凡肉生而歛，墮地不粘塵，煮而不熟者，皆有毒。○祭神肉自動，及祭酒回〔二二〕耗者，皆不可食。○諸肉脯貯米中，及晒不乾者，皆不可食。○凡禽獸肝青者，不可食。○諸禽獸腦[二三]滑精，不可食。○凡鳥死，口目不閉，脚不伸者，不可食。○黑雞白首并四距者，不可食。○馬生角，及白馬黑頭，白馬青蹄者，皆不可食。○黑牛白頭，并獨肝者，不可食。○羊肝有竅，及羊獨角黑頭者，皆不可食。○兔合眼者，不可食。○鼠殘物，食之生癧[二四]。○凡魚：目能開閉，或無腮無膽，及有角白背黑點者，皆不可食。○鮎魚赤鬚赤目者，有毒。○魚頭有白連脊者，不可食。○河豚魚浸血不盡，及子與赤斑者，皆不可食。○鯉魚頭腦有毒。○魚鮓内有頭髮者，不可食。○鰕無鬚及腹下黑者，有毒。○蟹目相向，有獨螯者，不可食。○鼈腹有蛇蟠痕者，不可食。○一應簷下雨滴菜，有毒。○茅屋漏水，入諸脯中，食之生瘢瘕[二五]。○陶瓶内插花宿水，及養臘梅花水，飲之能殺人。○吐多飲水成消渴。○髮落飲食中，食之成瘕。○飲食於露天，飛絲墮其中，食之咽喉生泡。○多食鹹則凝注而色變；多食苦則皮枯而毛落；多食辛則筋急而爪枯；多食酸則肉胝脇而唇揭；多食甘則骨痛而齒落。○食炙煿，宜待冷，不然則傷血損齒。

飲酒宜忌　凡醉後慎勿即睡，必成眼昏目盲之疾，待醒方睡最佳。○酒後行房事，則五臟翻覆，宜爲終身之戒。○飲白酒，忌食生韭菜及諸甜物。○食生菜飲酒者，莫炙腹，令人腸結。○醉後不宜食羊豕腦。○醉後不可食齊[二六]辣，緩人筋骨；亦不可食胡桃，令人吐血。○蒲萄架下，不宜飲酒。○醉中飲冷水，成手顫。○醉不可强食，嗔怒生癰疽。○醉人大吐，不以手緊掩其面則轉睛[二七]。醉中大小便不可忍，成癃閉瘍痁等疾。○醉飽後，不宜走馬及跳躑。○久飲酒者，腐腸、爛胃、潰脂、蒸筋、傷神、損壽及多成血痺之疾。若燒酒尤能殺人，宜深戒之。○飲燒酒不醒者，急用菉豆粉盪皮切片，挑開口牙，用冷水送粉片下喉，即醒。○飲酒之法：自温至熱，若於席散時，須飲熱酒一杯，則無中酒之患。欲醒酒，多食橄欖；治病酒，煮赤豆汁飲之。○凡晦日，不宜大醉。蓋人之血脉，隨月盈虧，方月滿時，則血氣實，肌肉堅，至月盡，則月全暗，經絡虚，肌肉減，衛氣去矣。當是時也，又大醉以傷之，是以重虚。故云：「晦夜之醉，損一月之壽也。」

飲食反忌　猪肉與生薑同食發大風。○猪肝與鵪鶉同食，面生黑點，又不宜與魚子同食。○猪血與黄豆同食悶人。○猪肉不與羊肝同食。○牛肉與薤同食生疣，又不宜與栗子、蘿蔔同食。○牛肝不與鮎魚同食。○羊肝與生椒同食傷五臟，栗、小豆、梅子同食傷人。○犬肉不與蒜同食。○麋鹿不與鰕同食。○兔肉與白雞同食發黄；與鵝同食則血氣不行；與藕[二八]、橘同食則成霍亂。○雞肉與胡荽同食氣滯。○野雞與鮎魚同食生癩，與蕎麪同食生蟲，又不宜與鯽魚、猪肝、蕨菰、菌子同食[二九]。○鯽魚與芥菜同食，令人黄腫。○鯉魚與紫蘇同食發癰疽。○鼈肉與莧菜同食生蟲。○鱔魚不與白犬肉同食。○黄魚不與蕎麪同食。○螃蠏不與芥湯及軟棗、紅柿同食。○蜆子不與油餅同食。○楊梅不與生葱同食。○李子不與雀肉同食。○桃李與蜂蜜同食五臟不和。○糖蜜與小鰕同食暴下。○茶與韭同食耳聾。○粥内入白湯成淋。

解飲食毒　黄鱨魚、鯉魚忌荆芥，地漿解之。○中河豚毒，青黛水、藍青汁或槐花末三錢，新汲水解之。○中牛肉毒者，甘草湯解之，或猪牙燒灰水調服。○食馬肉中毒者，搗蘆根汁，或嚼杏仁，或飲好酒解之。○食馬肝中毒者，水浸豉絞汁解之。○食猪肉中毒，飲大黄汁或杏仁汁、朴硝汁皆可解。○中羊肉毒者，甘草湯解之。○食狗肉中毒者，以杏仁三兩搗爲泥，熱湯調作三服。○中鴨肉毒者，煮糯米湯解之。○食鷄子毒者，飲醋解之。○中蟹毒，煎紫蘇湯飲一二盞，或生藕汁解之。○凡中魚毒，煎橘皮湯，或黑豆汁，或大黄、蘆根、朴硝汁，皆可解。○中諸肉毒，壁土水一錢服。又方，燒白匾豆末可解。○食諸肉過傷者，燒其骨水調服，或芫荽汁、生韭菜汁解之。○中草毒，連服地漿水解之。○諸菜毒，甘草、貝母、胡粉等分爲末，水服及小兒溺。○野菜毒，飲土漿解之。○瓜毒，瓜皮湯或鹽湯解之。○柑毒，柑皮湯解，鹽湯亦可。○諸果毒，燒猪骨爲末水調服。○誤食閉口花椒，飲醋解之。○誤食桐油，熱酒解之，乾柿及甘草亦可。○凡飲食後，心煩悶，不知中何毒者，急煎苦參汁飲之令吐。又方：煮犀角湯飲之，或以苦酒，或以好酒煮飲之。○飲酒毒，大黑豆一升，煮汁二升服，立吐即愈。又方：生螺螄、蕈澄茄並解之。○凡諸般毒，以香油灌之，令吐即解。

病忌　有風疾者，勿食胡桃。有暗風者，勿食櫻桃，食之立發。猪頭、猪觜亦不宜食。○時行病後，勿食魚鱠及蟶與鱔魚，又不宜食鯉魚，再發必死。○時氣病後，百日之内，忌食猪羊肉，并腸血，及肥魚、油膩、乾魚，犯者必大下痢，不可復救。又禁食麪及胡蒜、韭、薤、生菜、鰕等，食此多致傷，發則難治，又令他年頻發。○患瘧疾者，勿食羊肉，恐發熱致死。○病眼者，禁冷水冷物挹眼，不忌則作瘡。○牙齒有病者勿食棗。○患心痛心恙者，食獐心及肝，則迷亂無心緒。○患脚氣者，食甜瓜，其患永不除，兼不可食鯽魚及瓠子。○黄疸〔三〇〕病，忌麪、肉、醋、魚、蒜、韭熱食，犯之〔三一〕即死。○患咯血吐血者，忌酒、麪、煎、煿、淹藏、海味、硬冷難化之物，其鼻衄、齒衄，諸血病皆放此。○有痼疾者，勿食麂與雉肉。○患癧者，不可食薑及雞肉。○癩者不可食鯉魚。○瘦弱者，不可食生棗。○病瘥者，勿食薄荷，令人虚汗不止。○傷寒得汗後，不可飲酒。○熱病瘥後，勿食羊肉。○久病者，食柰子加重。○産後忌生冷物，惟藕不爲生冷，爲其能破血故也〔三二〕。

服藥忌食　服茯苓，忌醋。○服黄連、桔梗，忌猪肉。○服細辛、遠志，忌生菜。○服水銀、朱砂，忌生血。○服常山，忌生葱、生菜并醋。○服天門冬，忌鯉魚。○服甘草，忌菘菜、海藻。○服半夏、菖蒲，忌餳糖、羊肉。○服术，忌桃、李、雀肉、胡荽、蒜、鮓。○服杏仁，忌粟米。○服乾薑，忌兔肉。○服麥門冬，忌鯽魚。○服牡丹皮，忌胡荽。○服商陸，忌犬肉。○服地黄、何首烏，忌蘿蔔。○服巴豆，忌蘆笋、野〔三三〕猪肉。○服烏頭，忌豉汁。○服鼈甲，忌莧菜。○服藜蘆，忌狸肉。○服丹藥空青、朱砂，不可食蛤蜊，并猪羊血，及菉豆粉。○凡服藥〔三四〕皆忌，忌食胡荽、蒜、生菜、肥猪、犬肉、油膩魚鱠腥臊生冷臭陳〔三五〕滑之物。

妊娠所忌　産書云：一月，足太〔三六〕陰，肝養血，不可縱怒，疲極筋力，冒觸邪風。二月，足少陽，膽合於肝，不可驚動。三月，手①心主右腎養精，不可縱慾、悲哀、觸冒寒冷。四月，手少陽，三焦合腎，不可勞逸。五月，足太陰，脾養肉，不可安息〔三七〕飢飽、觸冒卑濕。六月，足陽明，胃合脾，不可雜食。七月，手太陰，肺養皮毛，不可憂鬱叫呼。八月，手陽明，大腸合肺以養氣，勿食燥物。九月，足少陰，腎養骨，不可懷恐、房勞、觸冒生冷。十月，足太陽，膀胱合腎，以太陽爲諸陽主氣，使兒脉縷皆成，六腑調暢，與母分氣，神氣各全，候時而生。不言心者，以心爲五臟之主故也。

孕婦食忌　食兔肉子缺唇。○食山羊肉，子多疾。○食團魚子，項短。○食雞子、乾鯉，子多瘡。○食雞肉、糯米，子生寸白蟲。○食羊肝，子多厄。○食鱔魚，子胎疾。○食螃蟹，子横生。○食驢、馬肉，子過月。○食騾肉，子難産。○食雀肉、豆醬，子生黚䵟。○食鴨卵，子倒生。○食田雞，子壽夭。○食雀肉及酒，子淫亂。○食冰漿，絶産。

乳母食忌 食寒冷發病之物，子有横[三八]熱驚風瘍證。○食濕熱動風之物，子有疥癬瘡病。○食魚、鰕、雞、馬之肉，子有癬疳瘦疾。

嬰兒所忌 古云：兒未能行，母更有娠[三九]兒，飲妊乳，必作鬾病，黄瘦骨立，發熱髮落。○小兒多因乳缺，食物太早，又母喜嚼食餵之，致生疾[四〇]病，羸瘦腹大，髮墮[四一]萎困。○養子直諺[四二]云：「喫熱莫喫冷，喫軟莫喫硬，喫少莫喫多。」○瑣碎録云：小兒勿令指月，生月蝕瘡。勿令就瓢及瓢[四三]中飲水，令語訥。又衣服不可夜露。

校記

〔一〕「濁」：萬本作「淫」。

〔二〕「勤」：後萬本有「一家之計在和」之句。

〔三〕「兒」：萬本作「子」。

〔四〕「眼目自明」：萬本作「而脾胃明」。

〔五〕萬本無「之」字。

〔六〕「吹」：萬本作「炊」。

〔七〕萬本「水」後有「淋」字。

〔八〕「照」：萬本作「上」。

〔九〕「着」：萬本作「穿」。

〔一〇〕「元」：萬本作「凡」。

〔一一〕萬本無「可」字。

〔一二〕萬本「不」字上有「俱」字。

〔一三〕「音」：萬本作「耳」。

〔一四〕「柳」：萬本作「桃」。

〔一五〕「脹」：萬本作「了」。

〔一六〕「閑」：萬本作「閉」。

〔一七〕「薯芋」：萬本作「菱米」。

〔一八〕「去」：嘉本作「云」，據萬本改正。

〔一九〕「毒若」：萬本作「藕箬」。

〔二〇〕「蘲」：萬本作「蕈」。

〔二一〕「飲」：萬本作「食」。
〔二二〕「回」：萬本作「自」。
〔二三〕萬本「腦」後有「子」字。
〔二四〕萬本「癧」上多一「瘰」字。
〔二五〕「瘢」：萬本作「癥」。
〔二六〕「齊」：萬本作「芥」。
〔二七〕「睛」：萬本作「痛」。
〔二八〕「藕」：嘉本作「萬」，據萬本改正。
〔二九〕「食」：此字起下至「諸果毒燒猪骨爲末水調服○」共四百五十八字（含三十三個「○」），嘉本原缺，依萬本補。
〔三〇〕「痘」：萬本作「疽」，疑當作「疸」。
〔三一〕「之」：萬本作「者」。
〔三二〕萬本無「故也」二字。
〔三三〕「蘆笋野」：嘉本模糊，據萬本補。
〔三四〕「凡服藥」：嘉本漫漶，據萬本補。
〔三五〕「生冷臭陳」：嘉本漫漶，據萬本補。

〔三六〕「太」：萬本作「厥」。

〔三七〕「安息」：萬本作「安思」。

〔三八〕「横」：萬本作「積」。

〔三九〕「嫩」：萬本作「娠」。

〔四〇〕「疾」：萬本作「痏」。

〔四一〕「墮」：萬本作「堅」。

〔四二〕「諺」：萬本作「訣」。

〔四三〕「瓢」：萬本作「瓶」。

注解

① 此處疑漏「厥陰」二字，否則不解。

便民圖纂卷第十二

調攝類上

風

消風養榮湯 當歸、酒洗。白芍藥、川芎、各二錢。防風、一錢一分。黃連、一錢五分，酒炒。生地黃、一錢，酒炒。熟地黃、一錢五分，酒炒。羌活、七分。蟬蜕、六分。荆芥、一錢二分。連翹、二錢一分。白术、一錢五分。陳皮、一錢二分。黃芩〔一〕、一錢五分，酒炒。甘草，六分。水二鍾煎服。

通聖散 防風、川芎、當歸、白芍藥、大黃、麻黃、薄荷、連翹、芒硝、各半兩。黃芩、桔梗、石膏、各六兩。滑石、三錢。甘草、二錢半〔二〕。荆芥、白术、山梔，各二錢半。有汗去麻黃，有瀉去大黃、芒硝，神志不寧加辰砂，氣不順加木香磨碗内，同前藥煎服，兼治赤痢。

愈風湯 羌活、甘草、防風、蔓荆子、川芎、細辛、枳殼、麻黃、甘菊、枸杞、薄荷、當歸、知母、地骨、黃耆、獨活、杜仲、秦艽、香白芷、柴胡、半夏、前胡、厚朴、熟地黃、防己、各二兩。茯苓、芍藥、黄芩、各三兩。石膏、蒼术、生地黄、各四兩。桂，一兩。每服一兩，水二鍾，生薑三片煎，空心一服，臨卧煎柤服。若内邪已除，外邪已盡，當服此藥，以道〔三〕諸經。久服大風悉去，縱有微邪，以此加減。

加味茶調散　川芎、一兩五錢。白芷、一兩。細辛、七錢。防風、一兩。荆芥、一兩。甘草、七錢。薄荷、一兩。羌活、七錢。藁本、七錢。蔓荆子，一兩。共爲末，每服三錢，食後茶清調下，治偏正頭風。

祛風和中丸　陳皮、一兩。甘草、七錢，半夏、七錢。防風、一兩。川芎、一兩。荆芥、一兩。枳殼、七錢。烏藥、七錢。蒼术、一兩。香附、一兩。當歸、一兩。草烏、五錢。白芷、七錢。殭蠶、五錢。蟬蜕、五錢。南星、七錢。羌活、七錢。苦參，五錢。共爲細末，酒糊爲丸，如梧桐子大，每服五十丸，用酒或椒湯或葱湯，食遠送下，治諸風。

牛黄清心丸　羚羊角、作末，一兩。人參、二兩五錢。茯苓、一兩一錢五分。芎藭、一兩二錢三分。防風、一兩五錢。乾薑、七錢五分，炮。阿膠、一兩七錢五分，炒。白术、一兩五錢。牛黄、二兩二錢，研。麝香、一兩，研。犀角、作末，二兩。雄黄、八錢，研飛。龍腦、一兩，研。金箔、一千二百箔，内四百箔爲衣。白芍藥、一兩五錢。柴胡、一兩二錢三分，去苗。甘草、五錢，炙。乾山藥、七兩。麥門冬、一兩五錢，去心。桔梗、一兩二錢五分。黄芩、一兩二錢〔四〕。杏仁、一兩二錢五分，去皮尖麸皮，炒黄，研。大棗、一百箇蒸熟，去皮核，研成膏。神麯、二兩五錢，研。大豆、一兩七錢五分。白斂、七錢五分。蒲黄、二兩，炒。

肉桂、一兩七錢五分，去皮。當歸，一兩五錢。除杏仁、大棗、金箔、二角末，及牛黄、麝香、雄黄、龍腦四味别爲末，入餘藥和匀，煉蜜棗膏爲丸，每兩作十丸，以金箔爲衣。每服一丸，食後，温水化下，治諸風瘈瘲、語言蹇澁、痰涎壅盛、心怔忡、健忘，或發顛狂。

寒

薑附湯 乾薑、一兩。附子，去皮臍一箇，生。每服三錢，水煎服。若挾氣攻刺，加木香半錢；挾氣不仁，加防風一錢；挾濕者，加白术；筋脉牽急，加木瓜；肢節痛，加桂二錢。治中寒、身體强直、口噤不語、逆冷。

五積散 陳皮、六兩，去白。茯苓、三兩，去皮。枳殼、六兩，去穰麩，炒。桔梗、十二兩，去蘆。厚朴、四兩，去皮，薑製。麻黄、六兩，去根節。當歸、三兩，去蘆。白芍藥、白芷、各三兩。甘草、三兩，炙。蒼术、炙，十四兩，去皮，米汁浸。半夏、二兩，湯洗七次。川芎、官桂、各三兩。乾薑，四兩，炮。每服四錢，水一盞半，薑三片，葱白三根，煎七分熱服，治感冒、寒邪。

暑

清暑益氣湯 黄耆、升麻、蒼术、各一錢。人參、白术、神麯、澤瀉、陳皮、各半錢。甘草、炙。黄檗、酒炒。麥門冬、當歸、各叁分。五味、九箇。青皮、葛根，各二分。剉作一服水煎。

十味香薷散　香薷、一兩。人參、陳皮、白术、白茯苓、匾豆、炒。黄耆、木瓜、厚朴、薑製。甘草，炙，各半兩。共爲末，服二錢，熱湯或冷水調服。

濕

除濕舒飲湯　蒼术、一錢五分。陳皮、一錢一分。半夏、一錢。茯苓、一錢五分。枳實、一錢二分。羌活、八分。防風、一錢三分。烏藥、一錢二分。木香、七分。澤瀉、一錢二分。芍藥、一錢五分。當歸、一錢五分，酒炒〔五〕。木瓜、七分。秦艽、一錢三分。牛膝、一錢，酒洗。威靈仙、六分。甘草、五分。防風、三分，酒焙。薑三片，水二鍾煎服。

术活散　陳皮、半夏、羌活、防風、甘草、蒼术、香附子、獨活、南星、葳靈仙，各等分，薑五片煎服。

傷寒

十神湯　川芎、甘草、炙。麻黄、去根。乾葛、紫蘇、升麻、赤芍藥、白〔六〕芷、陳皮、香附子，各等分。每服三錢，水一盞〔七〕半，生薑五片，煎七分，去柤熱服，治陰陽兩感。

芎蘇散 川芎、七錢。紫蘇葉、乾葛、各半兩。桔梗、生，二錢五分。柴胡、去蘆。茯苓、各半兩。甘草、二錢，炙。半夏、六錢，湯洗。枳殼、三錢，去穰。陳皮、三錢五分。每服三錢，薑棗煎服，治四時傷寒。

參蘇飲 木香、紫蘇、乾葛、半夏、湯泡七次，薑製。前胡、去蘆。人參、去蘆。茯苓、去皮，各七錢五分。枳殼、去穰麸，炒。桔梗、去蘆。甘草、炙。陳皮，去白，各半兩。每服四錢，水一盞半，薑七片，棗一枚，煎六分熱服，治感冒風邪。

參胡清熱飲 人參、一錢五分。柴胡、一錢。陳皮、一錢五分。白术、一錢。茯苓、一錢。黄連、一錢。麥門冬、八分。知母、一錢，炒。黄芩、一錢。甘草、五分，炙。白芍藥，一錢，炒。水一盞，薑三片，煎七分温服，治發熱不止。

小柴胡湯〔八〕 半夏、湯洗七次，二兩五錢。柴胡、去蘆，三兩。黄芩、人參、去蘆。甘草，炙，各三兩。每服三錢，水一盞，薑五片，棗一枚，煎七分熱服，治發熱如瘧。

人參三白湯 人參、白术、白芍藥、白茯苓，各等分。水二鍾，生薑三片，煎七分熱服，治傷寒、手足痛疼〔九〕、發熱。

大柴胡湯 枳實、去穰乾〔一〇〕炒，五錢。柴胡、去蘆，八〔一一〕兩。大黄、二兩。赤芍藥、黄芩，各三兩。每服五錢，水一盞半，薑五片，棗一枚，煎七分温服，治熱盛、煩燥。

痿痺

清燥湯　黄耆、一錢五分。蒼术、一錢。白术、橘皮、澤瀉、各五分。五味子、九箇。人參、白茯苓、升麻、各三分。麥門冬、當歸身、生地黄、麯末、猪苓、酒黄蘗、柴胡、黄連、甘草，炙，各一分。每服半兩，水煎，空心熱服，治表裏有濕熱，痿厥癱瘓、不能行走；或足踝膝上腫〔三三〕，口乾瀉痢。

烏藥順氣散　烏藥、去尖〔三三〕。麻黄、去節。橘皮、甘草、炙。白殭蠶、炒，去絲。川芎、枳殼、麩炒。桔梗、白芷、各一兩。白薑，炮，半兩。共爲末，每服二錢，水一盞，薑三片，薄荷七葉，煎七分，空心服，治氣。去薄荷，用棗二枚同煎，治濕毒進襲，腿膝攣痺，筋骨疼痛，并風氣不順，手足偏枯，流注經絡。

水腫

大橘皮湯　陳皮、一兩五錢。木香、二錢五分。滑石、六兩。檳榔、三錢。茯苓、一兩。猪苓、白术、澤瀉、肉桂、各五錢。甘草、二錢。生薑五片，水煎服，治濕熱内攻，腹脹水腫，小便不利，大便滑泄。

金匱越脾湯 麻黄、石膏、生薑、大棗、甘草，各等分。水煎服。惡風，加附子。治裏水，加白术。

蘇苓散 猪苓、紫蘇、澤瀉、蓬术、薑黄、白术、陳皮、甘草、芍藥、砂仁、茯苓、香附、厚朴、滑石、木通，各等分。薑三片，燈心一結煎服。

鼓脹

紫蘇子湯 蘇子，一兩。大腹皮、草果、厚朴、半夏、木香、陳皮、木通、白术、枳實、人參、甘草，各半兩。水煎，薑三片，棗一枚，治憂思過度，致傷脾胃，心腹脹滿，喘促煩悶，腸鳴氣走，大小便不利，脉虚緊而澁。

廣茂潰堅湯 厚朴、黄芩、益智仁、草豆蔻、當歸，各五錢。黄連，六錢。半夏，七錢。廣茂、升麻、紅花、炒。吴茱萸，各二錢。甘草，生。柴胡、澤瀉、神麯，炒。青皮、陳皮，各三分。渴者加葛根，四錢。每服七錢，生薑三片，煎服，治中滿腹脹，内有積塊，堅硬如石，坐卧不安，大小便澁滯，上氣喘促通身虚腫。

中滿分消丸 黄芩、枳實，炒。半夏、黄連，炒，各五錢。薑黄、白术、人參、甘草、猪苓，各一錢。茯苓、乾生薑、砂仁，各二錢。厚朴，製一兩。澤瀉、陳皮，各三錢。知母，四錢。共爲末，水浸蒸餅，丸如桐子大，每服百丸，焙熱，白湯下，食後。寒因熱用，故[一四]焙服之。治中滿鼓脹，水氣脹，大熱脹。

癎証

續命湯 竹瀝、一斤二兩汁[一五]。生地黄、一升半。龍齒末、生薑、防風、麻黄、去節，各四兩。防己、石膏、桂，各二兩。用水一斗煮取三升，分三服，有氣加紫蘇、陳皮，各半兩。治癎發，煩悶無知，口吐沫出，四體角弓反張，目反上，口噤不言。

易簡方 用生白礬、一兩，研。好臘茶，二兩。煉蜜丸如桐子大，每服三十丸，再用臘茶湯下，久服其涎自大便出。

寧神丹 天麻、人參、陳皮、白术、當歸身、茯神、荆芥、殭蠶、炒。獨活、遠志、去心。犀角、麥門冬、去心。酸棗仁、去心。辰砂、另研。生地黄、黄連、各五錢。守田、南星、石膏、各一兩。甘草、炙。白附子、川芎、玉金、牛黄、珍珠、各三錢。金箔，三十片。共爲末，麵[一六]糊丸，空心服五十丸，白湯下，清熱養氣血，不時潮作者可服。

血證

犀角地黄湯〔一七〕　犀角、生地黄、白芍藥、牡丹皮，各等分。每服五錢，水煎温服，實者可服，治吐血、衄血。

三黄補血湯　熟地黄、一錢。生地黄、五分。當歸、七分半。柴胡、五分。升麻、白芍藥、二錢。牡丹皮、五分。川芎、七分半。黄耆，五分。水煎服。血不止，加桃仁、五分。酒大黄，酌量虚實用之，内去柴胡、升麻。

聖惠湯　側柏葉、生荷葉汁、生茅草根汁、生地黄汁、生藕汁，四味汁共紐一鍾，入蜜一匙，井水少許，常服之立效。

臟毒

平胃地榆湯　白术、陳皮、茯苓、厚朴、乾薑、葛根、各五分。地榆、七分。甘草、炙。當歸、炒麯、白芍藥、人參、益智、各三錢。蒼术、升麻、附子，炮，各一錢。剉碎作一服，水煎，加薑、棗。

槐花散　蒼术、厚朴、陳皮、當歸、枳殼、各一兩。槐角、三兩。甘草、烏梅，各半兩。用水煎服，治腸胃不調，脹滿下血。

經驗方　用夏月晒乾茄子，炒如黑色，碾爲細末，連服十日不止；再用數年陳槐花，炒如前，爲末，服之數日，永不發。俱空心煮酒送下一錢。

槐角丸　地榆、黄芩、當歸、槐角、防風、枳殼，各三兩。共爲末，酒糊丸如梧桐子大，每服八十丸，空心米湯送下，治五種腸風下血。

三黄丸　黄蘗、黄連、黄芩，各等分。爲丸，治糞後有血點，兼治鼻衄。

痰飲

導痰湯　南星、橘紅、赤茯苓、枳殼、甘草、半夏，各等分。生薑五片，水煎，食前服。

天竹黄餅子　牛膽、南星，三錢。薄荷〔一八〕、一錢。天竹黄、二錢。硃砂、二錢。片腦、三錢。茯苓、二〔一九〕錢。甘草、二〔二〇〕錢。天花粉，一錢。共爲末煉蜜，入生地黄汁和藥作餅子，每服一餅，夜睡時噙化下。治一切痰，上焦有熱，心神不寧。

潤下丸　南星、黄芩、甘草、炙。黄連、各一兩。半夏、二兩。橘紅，八兩，以水化鹽五錢，拌令得所，煮乾炒。共爲末，蒸餅丸如菉豆大，每服五、七十丸，白湯下。

咳嗽

人參清肺飲 阿膠、杏仁、去皮，炒。桑白皮、地骨皮、人參、知母、烏梅、去核。罌粟殼、去蒂蓋，蜜炙。甘草，各等分。每服三錢，水一盞半，生薑、棗子各一，煎至八分，治咳嗽不止。

平肺飲 陳皮、一兩。半夏、泡薑汁炒。桔梗、炒。薄荷、各七錢半。紫蘇、烏梅、去核。紫菀、知母、桑白皮、蜜炒。杏仁、炒。五味子、各七錢半。甘草、炙，五分。罌粟殼，七錢半，蜜炒。每服三錢，水一盞半，薑三片，煎六分，食後温服，治咳嗽痰喘寒熱。

保肺丸 人參、紫菀、天門冬、麥門冬、桑白皮、陳皮、貝母、各四兩。五味子、黄芩、桔梗、杏仁，各三兩。加款冬花，四兩。共爲末，生蜜丸。每服八十丸，夜睡時，白熱湯下，治上焦熱痰嗽。

人參化痰丸 人參、白茯苓、南星、薄荷、藿香、黄連、各五兩。半夏、白礬、寒水石、乾薑、各十兩。黄檗、蛤粉，各二十兩。共爲末，薑糊爲丸，如桐子大，每服八十丸，淡薑湯下，治嗽有痰。

清氣化痰丸 黄芩、黄連、黄檗、皂角末、蘿蔔子、枯礬、各三兩。蒼术、十二兩。瓜蔞仁、南星、陳皮、各三兩。蛤粉、六兩。香附，十二兩。製服如前。

耳目

桂星散　辣桂、川芎、當歸、細辛、石菖蒲、木通、白蒺梨、炒。木香、麻黄、去節。甘草、炙，各一錢五分。南星、煨。白芷梢、各四錢。紫蘇、一錢。葱二莖，水煎，每服二錢，治風虚耳聾。

益腎散　磁石、火燒醋漬七次，研水〔三〕飛，一錢二分半。巴戟、去心。川椒、炒，各一兩。沉香、石菖蒲，各半兩。共爲末，每服二錢，用猪腎一枚，細切和葱白炒鹽，并藥濕紙十重裹煨令熱，空心嚼，以酒送下，治腎虚耳聾。

紅綿散　白礬、煅，一錢。胭脂、一字。麝香，少許。入胭脂一字研匀，用綿纏去耳中濃水，送藥入耳，令到底。一方加龍骨。

撥雲散　羌活、防風、柴胡、甘草，炒，各一斤。共爲末，每服二錢煎，食後温服。薄荷清明茶〔三〕，并菊花苗煎湯皆可服，治男子婦人風毒上攻，眼目翳膜遮睛，怕日羞明，一切風毒。

還睛丹　羌活、蜜蒙花、蒼术、木賊草、白芷、川芎、大麻子、當歸、細辛、黄連、枸杞子、桔梗、梔子仁、甘草、荆芥穗、菊花、薄荷、連翹、藁本、川椒、石膏、烏藥、黄芩，以上各等分一兩五錢爲細末，煉蜜丸如彈子大，每服二丸，細嚼温酒送下。爲末每服二錢，蜜水調下，治遠久眼疾。

經驗方 用草麻子四十九粒，棗肉十箇，入人乳搗成膏子，石上略晾〔二三〕乾，丸如桐子大，綿裹塞耳中，鼠膽滴入尤妙，且開痰散風熱。

點藥方 黄連、去鬚。黄蘗〔二四〕、去甘皮。黄芩、山梔子、川芎、防風、去蘆。羌活、荆芥、去梗。當歸、去鬚。大黄、赤芍藥、甘草、各五錢。蘆甘石，四兩，用白色者〔二五〕。共剉碎用水十五椀，蘇至七八椀去布〔二六〕，將甘石煅紅夾入藥水内淬之，又煅又淬，至七次或九次，藥水將乾却，將童便二三椀，又將甘石依煎法煅淬，將石研極爛，入剩下藥水内浸一宿，次日傾去清水，將石末用好紙盛晒，再研爛羅過，入片腦一錢，硼砂一錢三分，用口噙吐水二三口晾乾，麝香三分，硃砂研細水飛過碟内晾乾，一錢五分，與石末攪勻，再研再羅，瓷罐收貯，勿令出氣，治一切眼疾。

咽喉

荆桔湯 荆芥、桔梗、升麻、鼠粘子、防風、黄芩、黄連、山梔、連翹、甘草，各等分剉碎，水煎，食遠服，治喉閉〔二七〕塞痛。

奪命丹 紫蝴蝶根、南方多栽，護墻頭。甘草、生。桔梗、黄芩，各等分，雜〔二八〕蝶根多用。共爲末水〔二九〕椀内，頓服立愈，治喉痺。

碧雪丹　硼砂、一錢。馬牙硝、一錢五分。冰片、二分半。硃砂、三錢。寒水石，二錢。共爲細末，吹一字於患處，三兩吹〔三〇〕即愈，治喉疼。

甘桔湯　桔梗、甘草，各等分水煎服，治喉急痛。

治纏喉風方　用明礬一兩，入銅杓内煎化水，放巴豆肉數粒在内，同煎至乾，伐飛礬在巴豆肉，研硝礬點在患處，痰涎纏痛出，即愈。

心腹

扶陽助胃湯　乾薑、一錢，炮。楝參、草豆蔻、甘草、炙。官桂、白芍藥、陳皮、白术、吴茱萸、各五分。附子、炮，二錢。益智，五分。㕮作一服水煎，生薑三片，棗二箇，温服。治寒氣容於腸胃胃脘，當心疼痛得熱則已。

易簡方　治絞腸沙，用好明礬末調服，或用猪欄上乾糞燒灰調服亦可。若陰沙腹痛而手足冷，看其身上紅點，以燈草蘸油點火燒之，陽沙則腹痛而手足暖，以針刺其十指近爪甲處一分半許，出血即安，仍先自兩臂，將〔三一〕下其惡血，令聚指頭刺出血，若痛不可忍，用鹽一兩，熱湯調灌，鹽氣到腸，其疼即止。

濟生愈痛散 五靈脂、玄胡索、炒。莪术、良薑、當歸，各等分爲末，每二錢熱醋湯調下，不拘時，治急心痛胃脘痛。

海上方 治牙關緊急心疼欲死者，用隔年老葱白三、五根，去根鬚葉，擂爲膏，將口斡開，用銀銅匙將葱膏送入喉中，以香油四兩，灌送葱膏，油不可少。但得葱膏下喉即甦。少時腹中所停蟲病等物，化爲黄水，微利爲佳，除根永不再發。**又方** 杏仁、棗子、烏梅，各七箇，搗匀，用艾醋湯服七次。

導氣枳殼丸 三稜、草紙四五層裹，浸濕，灰火中煨。蓬术、用三稜製法，同(三二)醋拌。青皮、陳皮、桑皮、茴香、炒。枳殼、蘿蔔子、炒。木通、各八兩。黑牽牛，一箇。爲末水丸，每服八十丸，食遠白湯下，治氣結不散，心胸痞痛，逆氣上攻。

腰脇

川芎白桂湯 羌活、一錢五分。柴胡、肉桂、桃仁、當歸尾、甘草、炙。蒼术、川芎、各一錢。獨活、神麯、炒，各五分。漢防己、酒製。防風，各三分。剉碎作一服，好酒三盞煎一盞，食前暖處温服，治冬月露卧，感寒濕腰疼。

獨活湯 羌活、防風、獨活、桂、大黄、煨。澤瀉、各三錢。甘草、炙。連翹、各二兩。防己、黄檗、各酒製一兩。桃仁，三十箇。共剉碎，每半兩，酒水各半盞煎，空心熱服。治因勞役濕熱日甚，腰痛如折，沉重如山。

秘方　破故紙、一兩，炒。木香，二錢。爲末，好酒調服二錢，治腰疼。

脚氣

建寧丸　生地黄、一兩五錢。當歸、一兩〔三三〕。芍藥、陳皮、蒼术、各一兩。吴茱萸、黄芩、牛膝、各五錢。大腹子、桂枝，各五錢。共爲末糊丸，如桐子大，每服百丸，空心，煎白术、木通湯下。

應痛丸　赤芍藥、煨，去皮。草烏，煨，去皮尖，各半兩。爲末酒糊丸，空心服十丸，白湯下。

諸虚

十全大補湯　人参、肉桂、川芎、熟地黄、茯苓、白术、甘草、黄耆、當歸、白芍藥，等分水煎，薑三片，棗一箇，治男子婦人諸虚不足，五勞七傷。

人參養榮湯〔三四〕　白芍藥、三兩。當歸、陳皮、黄耆、桂心、人參、白术、甘草、炙，各一兩。熟地黄、五味子、茯苓、各七錢半。遠志，五錢。水煎，生薑三片，棗一箇。遺精加龍骨，咳嗽加阿膠。

無比山藥丸 赤石脂、白茯苓、巴戟、去心。牛膝、酒浸。澤瀉、山茱萸、各二兩。肉蓯蓉、四兩。五味子、二兩。杜仲、炒，去絲。兔絲子、熟地黄，各三兩。共爲末，煉蜜丸如桐子大，每服五十丸，空心温酒下。

固本丸 生地黄、洗。熟地黄、洗，再蒸。天門冬、去心。麥門冬、去心，各一兩。人參，五錢。共爲末，煉蜜丸如桐子大，每服五十丸，空心温酒或鹽湯下。

滋血百補丸 地黄、八兩，酒浸。兔絲、八兩，酒浸。當歸、四兩，酒浸。杜仲、四兩，酒炒。知母、二兩，酒炒。黄檗、二兩，酒炒。沉香，一兩。共爲末，酒糊爲丸，照前服。

烏雞煎丸 胡黄連、人參、各一兩。白术、炒。補骨脂、茯神、茯苓、去皮。谷精草、赤芍藥、炒。知母、貝母、黄耆、酒浸。黄檗、炒。前胡、銀州軟柴胡、五味子、杏仁、去皮尖。地骨皮、秦艽、去蘆。當歸、酒浸。淮慶山藥、乾熟地黄、酒浸。石蓮肉、肉蓯蓉、酒浸。天門冬、去心，酒洗净。麥門冬、去心，酒洗。小茴香、炒。白芍藥、炒。川椒，去核，已上各五錢。各味如法精製，剉細，用白毛烏骨雞，重二斤許，男雌女雄，肋下去腸，入藥縫好，用無灰白麯酒二大瓶，煮一晝夜，將骨肉并藥搗碎爲末酒糊丸，如桐子大，每服五十丸，日進三服，俱食前，或米湯或淡鹽湯送下。

加味虎潛丸 熟地黄、四兩，酒浸，蒸九次，微蜜釀乾。乾山藥、二兩。肉蓯蓉、二兩，酒浸，蒸九次。牛膝、二兩。杜仲、二兩，去皮。白术、四兩。虎脛骨、二兩，酥炙熏微黄色。敗龜板、四兩，酥炙。當歸、二兩。黄蘗、四兩，去皮，酒浸，春五、夏三、秋七、冬十日，炒褐色爲度。川芎、二兩。知母、二兩。白芍藥、二兩。爲末，煉蜜丸如桐子大，每服百丸，空心酒下。

補陰丸　熟地黄、六兩酒浸。人參、當歸、酒浸。白芍藥、炒。乾山藥、破故紙、酒浸，炒。兔絲子、枸杞子、牛膝、俱酒浸。杜仲、薑汁炒斷絲。敗龜板、酥炙黄色。虎骨、酥炙。知母、酒炒，各三兩。黄蘗、酒炒褐色。鎖陽、二兩，酥炙。黄耆，二兩，蜜炙。精滑加龍骨、火煅。牡蠣，火煅，各兩半。爲末，煉蜜丸如桐子大，每服七十丸，空心鹽湯送下。

諸瘧

丹溪方　川芎、紅花、當歸、黄蘗、炒。白术、蒼术、甘草，各等分。水煎，露一宿，次早服。無汗要汗，散邪爲主帶補；有汗要無汗，扶正氣爲主帶散，治老瘧。

又方　青皮、桃仁、紅花、神麯、麥芽、鼈甲、三稜、蓬术、海粉、香附，並醋煮。共爲末，丸如桐子，每服五七十丸，白湯下。

又方　川山甲、草果、知母、檳榔、烏梅、甘草、常山，水煎，露一宿，臨發日早服，得吐爲順。

截瘧丹　檳榔、陳皮、白术、常山、茯苓、烏梅、厚朴，作二服，水酒各二鍾，煎至一鍾，當發前一服，臨發早一服。

消渴

麥門冬飲子 知母、甘草、炒。瓜蔞、五味子、人參、葛根、生地黄、茯神、麥門冬，去心，各等分。水煎，入竹葉十四片。

加味錢氏白术散〔三五〕 人參、白术、茯苓、甘草、炙。枳殼、炒，各五分。藿香、乾葛、各一錢。木香、五味子、柴胡，二分。水煎作一服。

地黄飲子 甘草、炒。人參、生地黄、熟地黄、黄耆、天門冬、麥門冬、去心。澤瀉、石斛、枇杷葉，炒。水煎，每服五錢。

積聚

分氣紫蘇飲 五味、桑皮、茯苓、甘草、炙。草果、腹皮、陳皮、桔梗、紫蘇，各等分，每服五錢，水二鍾，薑三片，煎七分，空心服。

勝紅丸 三稜、草紙四五層浸濕，灰火中煨。蓬木、如前製。青皮、陳皮、乾薑、炒。良薑、各一斤。香附、山查、神麯，各二斤。爲末，水發丸，每服八十丸，食遠白湯下。

阿魏丸　山查、南星、皂角水洗〔三六〕。半夏、皂角水浸。麥芽、炒。神麯、炒，各一兩。黄連、一兩。連翹、阿魏、醋浸。瓜蔞、貝母、各半兩。風化硝石、蘿蔔子、胡黄連，二錢五分，如無以宣連代。爲末，薑汁浸，蒸餅丸。一方加蛤粉，治嗽。

香稜丸　三稜、六兩，醋炒。青皮、陳皮、蓬朮、炮，兩半〔三七〕炒。枳殼、枳實、蘿蔔子、香附子、俱炒，各二兩。黄連、神麯、麥芽、炒。鼈甲、醋炙。乾漆、炒，煙盡。桃仁、炒。硼砂、砂仁、當歸梢、木香、甘草、炙，各一兩。檳榔、六兩。山查，四兩。爲末，醋糊丸，每服三五十丸，白湯下。

黄疸

治穀疸　用苦參、五兩。龍膽草，一兩。爲末，牛膽，一箇。以蜜微煉丸如桐子大，每服五十丸，空心熱水下，或用生薑、甘草湯。

治食勞疸　用皂角不拘多少，砂鍋内炒赤，用米醋點之赤紅色，研細棗肉爲丸如桐子大，每服三十丸，薑湯下。

治酒疸　枳實、去白，麵炒。梔子、葛根、各二兩。豆豉、一兩。甘草，炙，五錢。水一鍾煎，温服。

治女勞疸　滑石、二兩五錢。枯白礬，二兩〔三八〕。爲末，每服二錢。

治熱疸　茵陳、一兩，去莖。大黄、五錢。梔子，七箇。每服水二鍾半，煎至一鍾去柤，取汁調五苓散温服。

瀉痢

丹溪方 治泄瀉身疼麻木。陳皮、白术、白豆蔻、澤瀉、猪苓、白芍藥、川芎、神麯、砂仁、吴茱萸、藿香、木香各等分，水煎，食前服。

香連芍藥湯 白术、白茯苓、猪苓、澤瀉、各一兩半。木香、五錢。厚朴、三錢。蒼术、一錢一分。陳皮、一錢。白芍藥、一錢五分。檳榔、七分。黄連、六分。甘草，四分。水二鍾，陳米一撮煎，食前服，治初痢紅白。

真人養臟湯 人參、當歸、各去蘆，六兩〔三九〕。罌粟殼、去蒂蓋，二兩一錢。肉桂、去皮，八錢。訶子皮、去核，一兩二錢。木香、一兩。肉豆蔻、麯煨，五錢。白术、焙，六錢。白芍藥、一兩六錢。甘草，一兩八錢。每服四錢，水一盞煎，治久痢赤白。

白术木香散 白术、二錢。人參、一錢五分。茯苓、陳皮、各一錢半。木香、五分。砂仁、七分。蒼术、一錢，米泔水浸炒。厚朴、一錢，薑汁製炒。猪苓、一錢。澤瀉、一錢。肉桂、四分。白芍藥、一錢五分。半夏、湯炮，八分。甘草，炙，四分。薑、棗煎，食前服，治禁口痢。

戊己丸 黄連、炒。白芍藥、吴茱萸，湯炮七次，各八兩。爲末糊丸，每服八十丸，空心米飲下，治泄瀉。

五令散　加木香、訶子、肉荳蔻、白芍藥、藿香、附子，各五錢。水煎服，治脾泄。

經驗方　黄連、十二兩。人參，四兩。右用好黄連，陳酒煮乾，再剉再炒爲末，治便血并痢疾，增咳逆變異證〔四〇〕。

諸淋

二神散　海金砂、七錢五分。滑石，五錢。爲末，每服一錢半，冬〔四一〕用燈心、木通、麥門冬煎，入蜜少許調下，治諸淋急痛。

五淋散　赤茯苓、赤芍藥、山梔子仁、生甘草、各一〔四二〕錢半。當歸、黄芩，各五錢。每服五錢水煎，空心服，治諸淋。

車前子飲　車前子、五錢。淡竹葉、荆芥穗、赤茯苓、燈心，各二錢半。分作二服水煎，空心服，治諸淋小便痛。

清心蓮子飲　黄耆、石蓮肉、白茯苓、人參、各七錢半。黄芩、麥門冬、甘草、地骨皮、車前子，各五錢。每服五錢水煎。治上盛下虚，心火炎上，口苦咽乾煩渴，微微小便赤澀，或欲成淋發熱，加柴胡、薄荷。

疝氣

蟠葱散 蓬术、檳榔、茯苓、肉桂、玄胡索、青皮、丁皮、乾薑、白芨、三稜、縮砂，各等分。水一盞半，煎七分，食前服。

橘核散 橘核、桃仁、梔子、川烏、吴茱萸，各等分。研末煎服。

噎塞

丹溪方 韭菜汁，每早半盞，冷飲之，盡韭汁一斤爲度，治血在胃，口安食鬱而成痰。

通氣湯 桂、去皮，三錢。生薑、六錢。吴茱萸、炒，四錢。半夏、湯泡，八錢。大棗，四箇。用水一升，煎取〔四三〕四合，分作三服，治胸膈氣逆。

翻胃

桂香散 水銀、黑錫、各三錢。硫黄，五錢。入銚内，用柳木槌過，微火上細研爲灰，取出後，入丁香末、二錢。生薑末，三錢。調匀，每服三錢，黄米飲下，一服取效。病甚者再服，治膈氣翻胃。

丁香附子散　丁香、五錢。檳榔、一箇重三錢。黑附子、一箇重五錢，炮。船上硫黄、去石研。胡椒，各二錢。爲末，入研藥和匀，每服二錢，用飛硫黄一箇，去毛翅足腸肚，填藥在内，濕紙五七重，裹定慢火燒熟〔四〕，取嚼食後，温酒送下，日三服。如不食葷酒，粟米飲下，不拘時。治膈氣吐食。

校記

〔一〕「苓」：嘉本作「茶」，依萬本改正。
〔二〕「半」：萬本作「炙」。
〔三〕「道」：萬本作「通」。
〔四〕萬本「二」作「五」。
〔五〕「炒」：萬本作「洗」。
〔六〕「白」：嘉本原缺，據萬本補。
〔七〕「盞」：萬本作「鍾」。
〔八〕「湯」上三字，嘉本漫漶，據萬本補。
〔九〕「痛疼」：萬本作「通身」。
〔一〇〕「乾」：萬本作「麩」。

〔一一〕「八」：萬本作「一」。

〔一二〕萬本「腫」下有「痛」字。

〔一三〕「去尖」：嘉本漫漶，依萬本補。

〔一四〕「故」：嘉本作「或」，依萬本改。

〔一五〕萬本「斤」作「升」，「兩」作「合」。

〔一六〕「麵」：萬本作「酒」。

〔一七〕「湯」：萬本作「丸」。

〔一八〕「荷」：嘉本作「苛」，依萬本改。

〔一九〕「二」：萬本作「三」。

〔二〇〕萬本「一」作「三」。

〔二一〕「水」：萬本作「末」。

〔二二〕嘉本作「薄苛清調茶」，依萬本改正。

〔二三〕「晾」：萬本作「曬」。

〔二四〕嘉本作「黄碟」，依萬本改正。

〔二五〕「色」：嘉本作「各」，依萬本改。

〔二六〕「蘇至七八椀去布」：「蘇」，萬本作「煎」；「布」，萬本作「渣」。

〔二七〕「閉」：萬本作「痺」。
〔二八〕「雜」：萬本作「蝴」。
〔二九〕萬本無「水」字。
〔三〇〕「吹」：萬本作「次」。
〔三一〕「將」：萬本作「捋」。
〔三二〕「同」：萬本作「用」。
〔三三〕「一兩」上原有「各」字，依萬本删。
〔三四〕以下五方，萬本無。
〔三五〕萬本「散」作「飲」。
〔三六〕「洗」：萬本作「浸」。
〔三七〕「兩半」：萬本作「或」。
〔三八〕「二」：萬本作「一」。
〔三九〕「兩」：萬本作「錢」。
〔四〇〕「異證」：萬本作「黑」。
〔四一〕「冬」：萬本作「多」。
〔四二〕「一」：萬本作「二」。

〔四三〕「取」：萬本無。

〔四四〕「熱」：萬本作「熟」。

便民圖纂卷第十三

調攝類下

瘡腫

諸腫毒 凡癰疽發背，用大薊根洗净，切碎研如膏，塗瘡上，其冷如冰。初發者，能消散，已發者速潰。或用大蒜切片子如錢厚，安腫上，以艾灸之，蒜熱更换新者。初灸覺痛，灸至不痛乃止；初灸不痛，灸至極痛方止。**又方** 不問老少，初發時，以紙一片，水浸濕搭腫上，一點先乾者，即是正頂。以大筆管一箇安頂上，用大馬黄一條安其中，即以冷水灌之，馬黄當吮其穴，血出毒散。如毒大，用三四條，如見功，若吮正穴，馬黄必死，用水救活，其瘡即愈。累試立效〔一〕，乃去毒之一端也。血不止，以藕節研爛塗上。○癰疽作膿，不用針者，取出蛾繭一枚，燒灰，酒調服即穿。○凡惡瘡不收口者，用芫花陰乾爲末，先用槐枝、葱白湯洗過，摻之立効。宿瘡不收者更効。○多年惡瘡，用馬齒莧擣爛傅之。瘡形如翻花者，燒灰，猪脂調傅。○毒瘡無頭者，用蛇蜕皮貼腫處。**又方**　槐花二兩微炒，好酒二碗煎一碗，上發背，食後服，下發背，食前服。○無名腫毒，用野菊花連根搗爛，以好酒二椀煎至一椀，乘熱服之。○鬢邊軟癤，數年不愈者，用猪頸、猫頸上毛各一撮燒灰，鼠屎一粒爲末，清油調傅。○附骨疽久不癒膿汁敗壞，或骨從瘡孔出，用大蝦蟆一箇，亂頭髮一握，如雞子大，猪油四兩，煎藥濾去滓，凝如膏貼之。凡貼，先以桑根皮、烏豆煎湯，淋洗拭乾，煅龍骨末，摻瘡四畔，令易收斂。○便癰用皂莢燒過，陰乾，爲末，酒調服。或用皂莢子七粒，水服。○便毒初發時，用生薑一大塊，米醋一盞，薑蘸醋磨，取千步峯泥即人家行步地上高墩。塗腫處。**又方**　用核桃七箇，連殼燒存性爲末，好酒調服，三五次愈。○疔瘡：用蒼耳子根梗苗燒灰，和醋靛如泥，塗乾再換上，不十次，即拔出根。或用白梅肉、荔枝肉同搗成膏，捻作餅子，依瘡大小安上，根即出。若垂死者，用甘菊花葉一把，搗汁一盞，入口即活。冬月用根，此方神効。○魚臍疔瘡：用絲瓜葉、連鬚葱、韭菜同入石鉢，擣爛，以酒和服，相貼腋下。如病在左手，貼左腋下，在右貼右腋下，在左足貼左胯，在右貼右胯，在中則貼心臍。並用布帛包住，候向下紅絲處皆白〔二〕則可。如有潮熱，亦用此法，却令人抱住，恐其顫倒，倒則難救。若瘡頭黑，深破之，黄水出四畔，浮漿用蛇殼燒存性，細研〔三〕雞子清調傅。

瘰癧 用萆麻子炒熟去皮，爛嚼，臨卧服三二枚，漸加至十數枚，甚効。**又方** 已潰未潰者：用蝸牛以竹絲串尾晒乾，燒存性，入輕粉少許，猪骨髓調。用紙花量瘡大小貼之。一法：以帶牧酒牛七箇，生取肉，入丁香七粒於殻内，燒存性，與肉同研成膏，用紙花貼之。**又方** 用大田螺并殻肉燒存〔四〕爲末，破者乾貼，未破者清油調傅。**又方** 不分男婦，用猫兒眼草一二綑，并〔五〕水二桶，五月五日午時，鍋内熬至一桶，盆内澄清再下鍋，熬至一椀，盛放瓷瓶内，另用川椒、葱、槐枝三件，放在一處，熬湯將瘡洗净，用藥膏搽二三次，即愈。**又方** 專治婦人：用檳榔、黑牽牛、斑猫、麝香、郁李仁、甘草、防風、白朮、蜜陀僧各等分。斑猫去翅足，用糯米炒如粟米色，攤地上去火性；郁李仁亦用糯米炒令黑色；黑牽牛將一半用浮麥炒，令黑色，各爲末，以人年歲大小、體貌肥瘦用藥。五更時煎木香，檳榔湯調服，或止用井花水調服亦得。待藥行四五度，巳時分，以白米粥補之，病根從小便出，即愈。

瘤瘡〔六〕 凡皮膚頭面上生瘤，大者如拳，小者如粟，或軟或硬，不疼不痛〔七〕者。用大南星一枚，細研稠粘，用米醋五七滴爲膏，如無生者，用乾者爲末，醋調如膏，先將小針刺痛處，令氣透，以藥攤紙上貼之。**又方** 兼去鼠妳痔。用芫花根净洗帶濕，不得犯鐵氣，於木石器中擣取汁，用線一條浸半日或一宿，以線繫瘤，經宿即落。如未落，再換一二次自落。後以龍骨、訶子末傅瘡口即合。繫鼠妳痔，依上法累用之，效。如無根，用花泡濃水浸線。

面瘡　用鍬子底黑煤和青油調一匙，打成膏子，攤紙上貼之；或用水調平胃散塗之。

鼻瘡　用杏仁研乳汁和傅，或用烏牛耳垢搽之。

口舌瘡　用玄胡索一兩，黄檗、黄連各半兩，蜜陀僧二錢，青黛一錢爲末，傅貼口内，有津即吐。**又方**　用杏仁七箇去皮尖，輕粉少許，同嚼，吐涎即好。

走馬疳瘡　用天南星一箇，剜去心，以通明雄黄一粒，入南星内，仍以剜下南星片掩之，麪裹煨，以拆爲度。爲細末，乾，用清油調塗，濕乾搽，三日全愈。

天疱瘡　用防風通聖散末，及蚯蚓各〔八〕炒蜜調傅，若從肚上起者，是内發熱，服通聖散。

秃瘡　用温熱泔水洗見血，將松香一兩，猪板油半兩同研爛，傅瘡上。三日後，仍如前法洗傅，不三五次即愈。蓋二味能引蟲出故也。須時常用温水洗過，菜油擦之，不發。

臁瘡　用虀汁洗净，挹乾，刮虎骨傅上。**又方**　用韭地上蚯蚓泥，乾末，入輕粉清油調傅，白犬血亦可。**又方**　用白墡土煅紅，數多爲妙，研細，生油好粉調塗。或用真百藥煎填之；或以五倍子末摻之。若臭爛久不愈者，用黑龜殼〔九〕一個，酸醋一椀，炙醋盡爲度，仍煅令白烟盡，存性。椀合地上一宿，出火氣，入輕粉麝香拌匀，先以葱湯洗拭，乾，傅藥。

人面瘡　用貝母爲末，搽之。

疥瘡　水銀、大風子、輕粉、樟腦、杏仁、枯礬，各等分〔一〇〕。研細，柏油調搽。

頭癬　雄黃、硫黃、剪草、枯礬、寒水石、輕粉、滑石，各等分。爲末，用香菜油調勻，先用荆芥、防風、黄蘗等藥煎湯熏洗，次用藥搽傅。

痔瘡　用馬齒莧、苦蕒各一斤，枳殼一兩，連鬚葱一握，川椒一合，煎湯熏之，候稍温方洗，不二次永除。　**又方**　取鰻魚焙乾，燒烟熏之。　**又方**　以土中繡釘無鐵者搗爛，釅醋調蘸三五次，即愈。

洗痔方　晉礬、寒水石，各一兩。雄黃，三錢。共爲末，每次三錢。以滚水泡過攪勻，椀盛放净桶内熏之，候水温洗。　**又方**　用不見水新磚一塊燒紅，以好醋潑上，却用艾葉鋪了三四層，乘熱以布裹定，令坐上蒸熏三五次，即愈。或用煮鱉湯或退雞湯洗，即愈。

漏瘡　惡水自大腸出，用黑牽牛研細去皮入猪腰子内，以線紮青荷葉包裹，火煨熟，細嚼，温鹽酒下。　**又方**　肛門周匝，有孔數十，諸藥不效，用熟犬肉蘸濃藍〔一一〕汁，空心食之，七日自愈。

脱肛　地龍一撮，壁上白蜂窠研細搽上。　**又方**　五倍子爲末，每用三錢，入白礬一塊，水二椀煎洗。**又方** 木賊燒灰存性，爲末搽上。**又方** 浮萍草爲末，乾貼。乾，即愈。

下部濕瘡 熱痒而痛，寒熱，大小便澁，飲食亦減，身面微腫，用馬齒莧四兩研爛，入青黛一兩，再研匀傅上。**又方** 用紅椒開口者七粒，連根葱白七箇，同煮水洗净，用絹衣挹乾，即愈。

外腎瘡 用菉豆粉一分，蚯蚓屎二分，水研塗上，乾又傅。如男子陰頭生癰，用鼈甲爲末，雞子白調傅。治蛀幹瘡：用黑油傘紙燒灰，合地上一宿，出火氣，傅瘡上便結靨。治下疳瘡：用白礬一兩，黄丹八錢，熬飛紫色研爲末，以溝渠中惡水洗過，挹乾傅上。

凍瘡 用乾茄根煎湯洗，即愈。凍脚者，熱醋湯洗，研藕貼之。

漆瘡 用磨鐵槽中泥，或蟹黄塗之。

杖瘡 以防風、荆芥、大黄、黄連、黄檗用水煮，即以油紙包乳香、没藥，線紮定，置所煮藥於水中，再煮，久之取出。洗下油紙内二藥和藥汁中洗瘡，油紙貼瘡，一日一次。

痱子 用净水挪青蒿汁，調蛤粉傅，雪水尤妙。**又方** 用茨菰葉陰乾爲末，傅之。

腮腫 一名痄腮，用赤小豆爲末，醋調傅，立効。

手指頭腫 用烏梅槌碎，去核肉取仁研碎，米[三]醋調入漬之，自愈。○惡指欲成瘡，痛極者，用生黑豆嚼爛罨上，以紗帛縛住，痛即止。○手背腫痛，用苔脯浸研細傅之。又以手按地、足踏碾，即散。

諸傷救急附

破傷風 用病人耳中膜，并爪甲上刮末，唾調傅。○牙關口緊，四肢强直：用鼠一頭，連尾燒灰，研，臘猪脂調傅。○浮腫：用蟬殼爲末，葱涎調傅破處，即時取去惡水。或用魚膠二錢，溶化封之，又酒服一錢。

撲打墜損 惡血攻心，悶亂疼痛，用乾荷葉五斤燒烟盡，空腹，以童便温一盞調下三錢，日三服。○從高墜下及墜馬傷損，取净土和醋蒸熱，布裹熨之，痛即止。○跌撲有傷口。嚼燈心罨之，血即止。或用冬青葉晒乾爲末，摻傷處。或細嚼傅上。或用薑汁和酒等分拌生麪貼之。或用霜梅槌碎罨瘡口，免破傷風。○傷肢折臂者，即將折處輳〔一三〕上掷定，用好酒一椀旋熱，將雄雞一隻，刺血在内攪匀，乘熱飲之。仍將連根葱搗爛，炒熱傅上包縛，冷再换。亦治刀刃傷痛與血隨止。**又接骨方**〔一四〕 用無名異、甜瓜子各一兩，乳香、没藥各一二錢許，共爲細末，每服五錢，熱酒調服。小兒三錢，服訖，以紙攤黄米粥於上，摻左顧牡礪末裹傷處，竹篦夾之。

人咬傷 用龜板或鼈甲燒灰爲末，香油調塗。

虎傷 用生薑汁服，并洗傷處，白礬末傅瘡上。

馬咬及踏傷 用艾灸瘡上并腫處，又用人屎或又用馬屎、鼠屎燒爲末，和猪脂調傅。若人身先有瘡，因乘馬爲馬汗或馬毛入瘡中，或爲馬氣熏蒸，皆致腫痛，宜數易冷水漬之，難漬處，以布浸濕搨之。

猪咬傷 用屋霤中泥塗之，即今之承溜也。

犬咬傷 用草麻子五十粒去殼，井水研成膏，先以鹽洗咬處貼上，或用蚯蚓泥和鹽研傅，或以砂糖塗之。

風犬傷 急於無風處，嗍去瘡孔血。若孔乾則針刺血，小便洗淨，用胡桃殼半瓣，人糞填滿掩瘡孔，艾灸一百壯後，一日灸一壯，百日止。急用蝦蟆乾一箇，斑猫二十一箇，去頭翅足，用糯米炒黄，只用斑猫、蝦蟆爲末，分作四服，酒調或水調服，以小便瀉下惡物爲度。未見惡物，量輕重再服。常服者，韭汁一盞。常敷者，虎骨末和石灰，臘猪脂調傅。禁酒、雞、魚、猪肉、油膩，終身忌食犬肉、蠶蛹。被咬者，無出於灸，七日當一發，二七日不發可全免。如痛定，瘡合爲愈。不治者必死。

猫咬傷 用薄荷汁塗之，或浸椒水調莽草末傅。

鼠咬傷 用猫毛燒灰，麝香少許，津唾調傅。

毒蛇惡蟲傷　毒氣入腹者，用蒼耳草嫩葉擣[一五]汁灌之，將柤厚罨傷處，若犬咬煮汁服之。〇惡蛇傷不可療者，香白芷爲末，麥門冬去心濃煎湯調下，頃刻咬處出黄水盡，腫消皮合[一六]，仍用藥柤塗傷處。**又方**　急於無風處，先以麻皮縛咬處，上下重者，刀剜去傷肉，小便洗净，燒鐵烙之。然後填蚯蚓泥，次填陳年石灰末，絹紮住。輕者，針刺瘡口并四旁出血，小便洗净，以蒜片著咬處，艾灸三五壯。

蜈蚣傷　用燈草蘸油點燈，以煙熏之，凡毒蟲傷皆可治。**又方**　用蚯蚓泥挹之；或刺雞冠血塗之；或以桑樹汁傅之。

蜂子毒[一七]　用野芋葉擦之；或急以手爬頭上垢膩傅之；或用鹽擦；或用人尿洗之。

湯火傷　用青椀爲細末，水飛過，以桐油調傅，不兩次瘥。或用五倍子爲末摻之；或用饅頭燒灰油調傅之；或用麻油浸黄葵花搽之。**又方**　用菉豆粉小粉俱炒過爲末和匀，以香油調傅。

蚯蚓傷　地上坐卧，不覺外腎陰腫，鹽湯温洗數次，甚效。

針刺　折在肉中者，用瓜蔞根擣爛傅上，一日换三次，自出。**又方**　用臘姑腦子、即螻蛄。硫黄研匀攤紙上，貼瘡，候痒時針出。

竹木刺　入肉者，用羊糞爲末，水調塗刺上，候疼，搔自出，或嚼栗子傅之，亦妙。

自縊　不可割斷繩，以漆頭或手厚裹衣，緊抵穀道，抱起解繩，放下揉其項痕，搐鼻及吹其兩耳，待氣回，方可放手，若泄氣不可救。

溺水　救起放大櫈上卧着，櫈脚襯高，以鹽擦臍中，待水自流出，不可倒提出水，但心下温者可救。**又方**　急解去衣帶，艾灸臍中，仍令兩人以蘆管吹其耳中，即活。

旅途中暑　不可用冷水灌沃，急就道間掬熱土於臍上，撥開作竅尿其中，次用生薑、大蒜細嚼，熱湯送下。

凍死　冬月凍死及落水凍死微有氣者，脱去濕衣，解活人熱衣包之。用米炒熱熨心上，或炒竈灰令熱，以囊盛熨心上，冷即换之。令暖氣通温，以熱酒或薑湯或粥飲少許灌之。

一應卒死　心頭熱者，用葛蒲根生擣，絞汁灌鼻中或口中即活。○目閉者，搗薤汁灌耳中，吹皂莢末入鼻，立效。○口張者，灸兩手足大指甲後，各十四壯。○四肢不收遺便者，馬屎一升，水三斗，煮取汁二斗洗之。又取牛糞一升，温酒和灌口中，灸心下一寸，臍上〔一八〕二寸，臍下四寸，各一百壯。○脉動而無氣者，用菖蒲屑納耳鼻孔中吹之及着舌底。

壓死　凡壓死、墜跌死，心頭温者，先扶坐起，將手提其髮，用半夏末急吹入鼻中，如活，以生薑汁、香油打勻灌之。若取藥不便，急擘開其口，以熱小便灌之。

魘死 不得近前叫喚，但咬痛其脚根，及足拇指甲際，多唾其面，不省者移動些少卧處，徐徐喚之。原有燈則存，無燈不可點照。**又方** 用皂莢末吹入鼻中，或用蘆管吹兩耳，或以鹽湯灌之，或擣韭汁半盞，灌鼻中皆可。

中砒毒〔一九〕 用白匾豆一合爲末，冷水調下。**又方** 用早禾稈燒灰，新汲水淋汁，絹濾過，冷服一椀。**又方** 用寒水石、菉豆粉末，以藍根研水調服。或菉豆擂水，或醬調水服皆可。

中蠱毒 用白礬一塊嚼之，覺甜不澁，次嚼黑豆不腥者，便是有蠱。用梳齒上垢膩服之吐出。**又方** 用蠶退紙撚紙條，蘸麻油燒存性爲末，水調一錢，頻服。若面青脉絶，昏迷如醉，口噤出〔二〇〕血，服之即蘇。**又方** 治百蠱不愈者，取鵓鴣熱血，隨多少服之。**又方** 取胡荽擣汁，半盞。不拘時服。其蟲立下。和酒服，更妙。

雜治

妙應散 白茯苓、遼參、細辛、去葉。香附子、炒去毛。川芎、白蒺藜、炒，去角。縮砂、各五錢。龍骨、研。石膏、煅。百藥煎、白芷、各七錢。麝香，少許，研。共爲細末，臨卧早晨温水刷之，牢牙、踈風、理氣、黑髭髮。

烏髭髮方　生胡桃皮、生石榴皮、生柿子皮，各等分。先將生酸石榴剜去穰子，揀丁香好者裝滿，通秤分兩後〔三〕，將胡桃、柿子皮與所裝石榴、丁香等分，晒乾同爲末，用生牛乳和匀盛鉛盒内，密封埋馬糞中。四十九日取出，或魚泡或猪膽裹指，蘸撚髭髮即黑。**又方**　鉛、二兩。石灰、二兩半。粉、三錢。黄丹，一錢半。入廣鍋同炒千萬遍，色要黑紅，出鍋置地上出火氣，加芸香一錢，清茶調傅鬚上，菜葉裹之，再用帕包，次早肥皂湯净洗。**又方**　針砂一兩，新鐵鍋炒紅，入好醋浸之，再炒再浸，共七次，訶子、白芨各四錢，百藥煎六錢，緑礬二錢，各爲末，先净洗鬚，用好醋調，令牽線搭鬚上，以菜葉包護，再用手帕緊纏，次早温酸泔洗去後，用肥皂湯洗。

五神還童丹　訣云：「堪嗟髭髮白如霜，要黑元來有異方，不用擦牙并染髮，都來五味配陰陽。赤石脂與川椒炒，辰砂一味最爲良，茯神能養心中血，乳香分兩要相當。棗肉爲丸桐子大，空心温酒十五雙，十服之後君休摘，管教華髮黑加光，兼能明目并延壽，老翁變作少年郎。」内五味各一兩，乃仙家傳授，老少皆可服。

刷牙藥　訣云：「猪牙皂角及生薑，西國升麻及地黄，木律、旱蓮、槐角子，細辛、荷蒂用相當，青鹽等分同燒煆，研細將來用最良，明目牢牙鬚鬢黑，誰知世上有仙方。」

菊花散　甘菊花、二兩。蔓荆子、乾柏葉、川芎、桑白皮、净。白芷、細辛、去苗。旱蓮草，根梗花葉並用，各一兩。每次用藥二兩，漿水五大椀，煎至三椀去滓洗，治頭髮脱落。

追風散　貫衆、鶴虱、荆芥穗，各等分。每用二錢，加川椒五十粒，水一大椀，煎至七分去滓，熱嗽吐去藥，諸般牙疼立效。**又方**　用青鹽煅過，香附同爲末擦之，即愈。

蒺莉散　蒺蔾根燒灰貼牙齒打動處，即牢。

白附丹　白附子、白芨、白斂、白茯苓、蜜陀僧、研。白石脂、研。定粉，研，各等分。共爲末，先用洗面藥洗浄，臨睡用人乳汁，或牛乳或雞子清，調丸如龍眼大，窨乾逐旋，用温漿水磨開傅之，治面生黑點。

檳榔散　雞心檳榔、舶上硫黄、各等分。片腦，少許。共爲末，用粗絹包裹，常於鼻上擦磨，鼻聞其臭效。又加萆麻子肉爲末，酥油調，臨睡少搽鼻上，終夜得聞，鼻赤自除。**又方**　枇杷葉、一兩，去毛，陰乾，新者佳。梔子，五錢。爲末，每服二三錢，温酒調下。早晨服先去左邊，臨卧服去右邊，其效如神。治酒瘡鼻：用白鹽常擦，或用雄黄、白礬、鹽爲末，用水先濕，以藥傅上。

唇面破裂〔三三〕　用臘月猪脂煎熟，夜傅面卧，遠行野宿亦不損。

頭生白屑　側柏葉三片，胡桃七箇，訶子五箇，消梨一箇，共爲末同研爛，用井花水浸片時，擦頭上，則永不生白屑。

不落髮方　側柏葉兩大片，榧子肉三箇，胡桃肉二箇，同研細擦頭皮，或浸油或水内常擦，則梳頭自不落髮。

乾洗頭方　用藁本、白芷等分爲末，夜摻髮内，明早梳之，垢自去。

手足開裂　用清油半兩，以慢火煎沸，入黄蠟一塊同煎，候鎔，入光粉、五味子末少許，熬令稠，紫色爲度，先以熱湯洗、烘乾，用藥傅薄紙貼之。

脚指縫爛　用鵝掌黄皮燒存性，爲末摻之。若指縫搔痒成瘡，有竅、血不止，用多年糞桶箍燒灰傅之。〇鬫甲痛甚者，用橘皮濃煎湯洗浸良久，足甲與肉自離，輕手剪去，研虎骨末傅之，痛即止。

脚生雞眼　取黑白虱各一枚，先挑破患處，以虱置其所縛之，即愈。若手指傷成瘡爲雞眼者，用地骨皮、紅花研細傅之，即結靨而瘥。

腿轉筋　取松木節剉爲骰子大，以酒煎服。

腰肢軟　用二蠶沙炒熨之。

治〔三〕**蟲入耳**　用兩刀臨耳邊相磨，敲作聲即出。或用雞冠血滴入耳中，或用麻油灌之。若蜈蚣入耳，用炙猪肉掩之即出。

骨鯁　用象牙屑，以新汲水一盞，浮牙屑水上吸之，其骨自下。或用鳳仙花子爲末，吹入喉中自化。**又方** 訣云：「縮砂、葳靈仙，砂糖冷水煎，時若〔二四〕進一服，諸骨軟如綿。」一法：不用人見，將本色骨插髻〔二五〕上，倒轉筋仍舊飲食，骨就下。

誤吞諸物 誤吞銅錢，用生茨菰汁呷飲自消。○誤吞金銀：用石灰一塊，如杏核大，硫黃一塊，如皂角子大，同研末酒調服。○誤吞竹木，用舊鋸子燒赤，投酒中熱飲；或用貫衆煎湯呷之即瀨。○誤吞稻麥芒，取鵝口中涎水嚥之。○誤吞鐵針，訣云〔二六〕：「木炭燒紅急擣灰，米湯調下兩三杯；不然熟艾蒸汁飲，便是鐵釘也解摧〔二七〕。」

中酒 瓜蔞、貝母、山梔、炒。石膏、煅。香附、南星、薑製。神麯、炒。山查、各一兩。枳實、炒。薑黃、蘿蔔子、蒸。連翹、石〔二八〕鹹、各五錢。升麻，三錢五分。爲末，薑汁炊餅丸，白湯送下。

體氣 用大田螺一枚，水中養之，俟壓開，以巴豆一粒去殼，將針挑巴豆在内，取出拭乾，仰頓盞内。夏月一宿，冬月五七宿，自然成水，取擦腋下。

汗斑 用白附子、硫黄，各等分。爲細末，以茄蒂蘸醋粘末擦之。○又方：用枯草濃煎水，日洗數次。

婦人

四物湯 當歸、川芎、白芍藥、熟地黄，各等分。水煎服。治衝任虛損，月水不調，臍腹疼痛，一切疾病皆可主此，隨證加減。

全生茯苓散　赤茯苓、葵子，各等分。每服五錢，水煎温服，治妊娠小便不通。

大全良方　枳殻、麸炒，三兩。防風、去蘆，二兩。甘草，炙，一兩。每服二錢，白湯調下，空心食前日三服，治孕婦大便秘澁。

地黄當歸湯　熟地黄、二兩。當歸，一兩。爲末作一服，水三分煎一升，温服。治有孕胎痛。

火龍散　艾葉末、鹽炒，一兩五錢。茴香、炒。川練子，炒，各五錢。水煎服，治妊娠心氣痛。

驅邪散　高良薑、炒。白术、草果仁、橘紅、藿香葉、砂仁、白茯苓、去皮，各一兩。甘草，炙，半兩。每服四錢，水一盞，薑五片，棗一枚，煎服不拘時。治妊娠停食、感冷、發爲瘧疾。

黄芩湯　白术、黄芩，各等分。每服三錢，水二盞，入當歸一根，同煎，温服。治孕胎不安。

枳殻湯　枳殻、去穰，麸炒。黄芩、各半兩〔二九〕。白术，一兩。水煎，食前温服，治胎漏下血及因事下血。

立效散　川芎、當歸，各等分。每服二錢，水煎，食前温服。治胎動不安，如重物所墜，冷如冰。

全生白术散　白术、一兩。生薑皮、大腹皮、陳皮、茯苓皮，各五錢。爲末，每服二錢，米飲調下，不拘時〔三〇〕。治妊娠面目虚浮如水腫狀。

簡易方 粉草、炙，兩半。商州枳殼，五兩，去白麸皮，炒赤。爲末，每服一錢，空心白湯服，加香附子尤佳，治妊娠。七八月者常宜服之，滑胎易産。

經驗方 黄連末，酒調一錢，日三服，治胎動出血，産門痛。

良方 黄連，濃煎汁呷之，治兒在腹哭。

催生如聖散 黄葵花焙乾爲末，二錢，熟湯調下神妙〔三二〕。

白芷散 百草霜、一兩。香白芷，五錢。爲末，每服一錢，水一盞，煎至七分，加童便稍熱服。治産難，母子保全。

祕方 肉桂、爲末，三錢。麝香，另研，五分。和匀作一服，酒一盞，童便半盞，熱調服。治胎死腹中不下。

又方 治生産五七日不下，及矮小女子交骨不開者，取自死龜殼，或占下廢殼酥炙，或醋炙，取婦人生男女多者頭髮，燒存性爲末，以川芎、當歸同煎服。

産後消血塊方 滑石、三錢。没藥、二錢。血竭，二錢，如無，以牡丹皮代之。醋糊丸，如惡露不下，以五靈脂爲末，神麯丸、白朮、陳皮湯下。

狐鳳散 白礬一錢，熟水調下，治産後閉目不語。

獨行散 五靈脂炒爲末，水酒、童便調下一二錢，治産後血暈。

祕方　紫葳、一兩。乾漆、炒，二錢半。芍藥、蓬莪朮、當歸梢，各五錢。治室女月經不通。

小兒

生地黄湯　生乾地黄、當歸、赤芍藥、川芎、天花粉，各等分。每服五錢，水一盞煎服。治胎熱胎寒，生下遍體皆黄，狀如金色，身上壯熱，大小便不通，乳食不進，啼哭不止，此胎黄候，皆因母受熱而傳於胎也。凡有此證，乳母亦宜服之。

至寶丹　安息香、一兩半，爲末，無灰酒飛過，濾去沙石，約取一兩，慢火熬成膏，入藥内用。琥珀、研。朱砂、雄黄、各一兩，研水飛。銀箔、五十片，研。龍腦、麝香、各二錢半。牛黄、半兩，各研。生烏犀角、生玳瑁屑、各一兩。金箔、五十片，一半爲衣。生犀玳瑁，擣羅爲細末，研入餘藥令勻，將安息香膏以湯煮凝成和搜爲劑，如乾入少熟蜜，丸如桐子大，二歲服二丸，人參湯化下。大小以意加減，治諸癇急驚、卒中客忤。

黑龍丸　牛膽、南星、青礞石、煅，各[三二]一兩。天竺黄、青黛、各五錢。硃砂、三錢。蜈蚣、二錢半，燒存性。蘆甘、一錢五分。殭蠶，五分。爲末，煎甘草湯，丸如雞頭大，服一丸至二丸，治急慢驚風。急驚，薑蜜[三三]、薄荷湯下；慢驚，枳梗、白朮湯下。

辰砂丸　辰砂、別研。水銀、砂子、各一分。牛黄、龍腦、各五分，別研。天麻、白殭蠶、酒炒。蟬殼、去土頭足。乾蝎、去毒，炒。麻黄、去節。天南星，酒浸十次，焙乾，各一錢。爲末，再研勻，熟蜜丸如菉豆大，朱砂爲衣。每服一二丸或五七丸，食後薄荷湯送下。

抱龍丸 雄黄、一分，水飛。辰砂、五分，別研。天南星、臘月祕牛膽中陰乾，如無生者，去皮臍剉炒熟，用四兩。天竺黄、一兩。麝香，五錢，別研。爲末，煮甘草水丸皂角子大，温水化服。百日者，每丸分作三四服；五歲一二丸；大者三五丸，亦治室女白帶。伏暑，用鹽少許，嚼一二丸新水下，臘月，雪水煮甘草和藥尤佳。一法：用漿水浸天南星三日，候透軟煮三五沸取出，乘軟去皮，只取白軟者薄切焙乾黄色，取末八兩，以甘草二兩半拍破，用水二碗浸一宿，慢火煮至半碗去滓，旋灑入天南星末慢研，令甘草水盡入餘藥。治傷風、瘟疫、身熱、昏睡、氣麄、風熱、痰實壅嗽、驚風潮搐、蠱毒中暑，沐浴後並可服，壯實者，宜時與服之。

異功散 人參、一錢五分。木香、官桂、去麄皮。當歸、茯苓、陳皮、厚朴、薑製。白术、半夏、薑製。肉豆蔻、丁香、各一錢。附子，五分。水一盞半，薑一〔三四〕片，煎服，治痘瘡元氣虛弱，不能升發，裏虛泄瀉，病有大小，以意加減。

四聖散 紫草、木通、甘草、炙。枳殼，炒，各錢半〔三五〕。每服一錢水煎，治瘡疹出不快。

惺惺散 白茯苓、細辛、桔梗、瓜蔞根、人參、甘草、炙。白术、川芎，各等分。爲末，每服一錢水煎，入薄荷三葉，治風熱及傷寒時氣，瘡疹發熱。

無價散　人、猫、猪、犬糞，臘月内燒灰爲末，蜜湯調服，治斑瘡不出，黑陷欲死者，量大小與之。

丹溪方　朱砂爲末，蜜水調服，治痘瘡，已出未出皆可服。

大蘆會丸　蘆會、蕪荑、水香、青黛、梹榔、黄連，炒，各二錢五分。蟬殼，二十四枚。胡黄連，五分。麝香，少許。爲末，猪膽二枚，取汁浸樣〔三六〕爲丸，麻子大，服二十丸，白湯下，治諸疳。

枳术丸　枳殼〔三七〕，麸炒黄色，去穰，一兩。白术，二兩。爲末，荷葉裹燒飯，丸如桐子大，每服五十丸，白湯下，治痞、消食、强胃。

校記

〔一〕「立效」：萬本作「奇方」。

〔二〕「白」：嘉本作「田」，依萬本改。

〔三〕「細研」下，萬本有「用」字。

〔四〕萬本「存」下有「性」字。

〔五〕「并」：萬本作「井」。

〔六〕「瘡」：萬本作「癪」。
〔七〕萬本「痛」上有「消」字。
〔八〕「各」：萬本作「略」。
〔九〕「殼」：萬本作「煅」。
〔一〇〕萬本無「分」字。
〔一一〕「藍」：萬本作「鹽」。
〔一二〕「米」：萬本作「水」。
〔一三〕「轅」：萬本作「接」。
〔一四〕萬本無「又」字，提行。
〔一五〕「搗」下二字，嘉本漫漶，據萬本補。
〔一六〕「合」：嘉本漫漶，據萬本補。
〔一七〕「蜂子毒」：嘉本作「諸惡毒」，據萬本改。
〔一八〕「上」：萬本作「下」。
〔一九〕「硔」：萬本作「砒」。
〔二〇〕「出」：萬本作「吐」。
〔二一〕「後」：萬本作「復」。

〔二二〕「破」：萬本作「皴」。

〔二三〕「治」：萬本作「飛」。

〔二四〕「時若」：萬本作「請君」。

〔二五〕「髻」：萬本作「髩」。

〔二六〕「訣」：萬本作「諺」。

〔二七〕「摧」：嘉本作「維」，據萬本改。

〔二八〕「石」：嘉本漫漶，據萬本補。

〔二九〕「半兩」：萬本作「五錢」。

〔三〇〕「不拘時」三字，萬本在「米」字上。

〔三一〕「妙」：萬本作「效」。

〔三二〕萬本無「各」字。

〔三三〕「蜜」：原誤作「密」。

〔三四〕萬本「一」作「三」。

〔三五〕萬本「錢半」作「等分」。

〔三六〕「樣」：萬本作「糕」。

〔三七〕「殼」：嘉本作「朮」，依萬本改。

便民圖纂卷第十四

牧養類

相牛法 相耕牛：要眼去角近，眼欲大，眼中有白脉貫瞳子。脛骨長大，後脚股闊，並快使[一]。毛欲短密，疎長者不耐寒。角欲得細；身欲得麄；尾稍長大者吉。尾稍亂毛轉者命短。

相母牛法 毛白乳紅者多子；乳疎而黑者無子。生犢時，子卧面相向者吉；相背者生子疎。一夜下糞三堆者，一年生一子；一夜下糞一堆者，三年生一子。

治牛瘴 用安息香，於牛欄焚之。〇又方：用石楠藤和芭蕉，舂自然汁五升灌之。

治牛噎 用皂角末吹鼻中，以鞋底拍其尾停骨下。

治牛疥癩 用蕎麥穰燒灰淋洗，牛馬同治。〇又方：藜蘆爲末，水調塗甚妙。

治牛爛肩 以舊絮三兩燒存性，麻油調傅。忌水五日，瘥。

治牛漏蹄 以紫礦爲末，猪脂碎填漏蹄中，燒鐵烙之。

治牛咳嗽　用鹽一兩，豉汁一升，相和灌之。

治牛尿血　用當歸、紅花爲末，酒煎一合灌之。

治牛身上生蝨　當歸搗爛，醋浸一宿，塗之。

治牛傷熱　用胡麻葉，搗汁灌之立瘥〔二〕。

治牛尾焦　牛尾焦，不食水草，用大黄、黄連、白芷各半兩爲末，以雞子清一箇，酒調灌之。

治牛觸人　牛忽肚脹，狂走觸人。用大黄、黄連各半兩，雞子清一箇，酒一升和勻灌之。

治牛腹脹　牛喫雜蟲非時腹脹，用燕子屎一合，水調灌之。

治牛卒疫　牛卒疫，頭打肱。用巴豆去皮搗爛，入〔三〕生麻油和灌之；仍用皂角末一撮，吹入鼻中，更用鞋底於尾停骨下〔四〕拍之。

治牛患眼　牛生白膜遮眼，用炒鹽，并竹節，燒存性，細研一錢貼膜上。

治水牛患熱　白术、二錢半。蒼术、四兩二錢。紫菀、藁本、各三兩三錢。牛膝、三兩二錢。麻黄、三兩，去節。厚朴、三兩一分。當歸，三兩半。共爲末，每服二兩，以酒二升煎。放温，草後灌之。

治水牛氣脹　白芷、一兩。茴香、官桂、細辛、各一兩一錢。桔梗、一兩二錢。芍藥、蒼术、各一兩三錢。橘皮，九錢半〔五〕。共爲末，每服一兩，加生薑一兩，鹽水一升，同煎。候温灌之。

治水牛水瀉　青皮、陳皮、各二兩一錢。白礬、一兩九錢。蒼术、橡斗子、乾薑、各二兩二錢。枳殼、一兩九錢。芍藥、細辛、各二兩半。茴香，二兩三錢。共爲末，每服一兩，用生薑一兩，鹽三錢，水二升同煎，灌之。

治水牛瘟疫　水牛患熱瘟疫，用人參、芍藥、黄柏、各二兩半。貝母、知母、白礬、黄連、防風、各二兩三錢。山梔、鬱金、黄芩、各二兩四錢。瓜蔞、桔梗、各二兩〔六〕。大黄，一兩九錢。共爲末，每服二兩，以蜜二兩，砂糖一兩，生薑五錢，水二升，同調灌之。

看馬捷法　頭欲高峻。○面欲瘦而少肉。○耳欲得小，耳小則肝小，而識人意；緊短者性最快。○鼻大則肺大而能奔。○眼欲得大，眼大則心大而猛利不驚。眼下無肉多咬人。○腎欲得小。○腸欲厚，則腹下廣方而平。○膁欲得小，膁小則脾小而易養。○胸堂欲闊〔七〕。○肋骨過十二條者千里〔八〕。三山骨欲平則易肥。○四蹄欲結實則能負重。○腹下兩邊生逆毛到膁者良。○望之大，就之小，筋馬也；望之小，就之大，肉馬也。至瘦欲見其肉；至肥欲見其骨。○今之買馬，且看眼鼻大、筋骨麄行立好，便是好馬。

相馬毛旋　歌括云：項上須生旋，有之不用誇，還緣不利長，所以號騰蛇。後有喪門旋，前兼有挾尸，勸君不用畜，無事也須疑。牛頟并銜禍，非常害長多，古人如是説，此事不虛歌。帶劍渾閑事，喪門不可當，的盧如入口，有福也須防。黑色耳全白，從來號孝頭，假饒千里足，奉勸不須留。背上毛生旋，驢騾亦有之，只惟鞍貼下，此者是駞尸。銜禍口邊銜，時間禍必逢，古人稱是病，焉敢〔九〕不言凶？　眼下毛生旋，遥看是淚痕，假饒福也病，無禍亦防侵。　毛病深知害，妨人不在占，大都知此類，無禍也宜嫌。　檐耳驄鬃項，雖然毛病殊，若然兼豹尾，有實不如無。

養馬法　馬者，火畜也，其性惡濕，利居高燥之地，忌作房於午位上。　日夜餵飼，仲春群蓋順其性也。　季春必啗，恐其退也。　盛夏午間，必牽於水浸之，恐其傷於暑也。　季冬稍遮蔽之，恐其傷於寒也。　啗以猪膽、犬膽和料餵之，欲其肥也。〇餵料時，須擇新草，篩簸豆料。　若熟料用新汲水浸淘放冷，方可餵飼。　一夜須二三次起餵草料。　若天熱時，不宜加熟料，止可用豌豆、大麥之類生餵。　夏月自早至晚，宜飲水三次，秋冬只飲一次可也。　飲宜新水，宿水能令馬病。　冬月飲畢，亦宜緩騎數里。　卸鞍，不宜當簷〔一〇〕下，風〔一一〕吹則成病。

治馬諸病　用白鳳仙花連根葉熬成膏，抹於馬眼角上，汗出即愈。

治馬諸瘡　用夜合花葉、黄丹、乾薑、梹榔、五倍子爲末，先以鹽漿水洗瘡，後用麻油加輕粉調傅。

治馬傷料　用生蘿蔔三五箇，切作片子啖之。

治馬傷水　用葱鹽油相和搓作團，納鼻中，以手掩其鼻，令氣不通，良久淚出，即止。

治馬錯水 緣馳驟喘息未定，即與水飲，須臾兩耳并鼻息皆冷，或流冷涕，即此證也。先燒人亂髮，燻兩鼻；後用川烏、草烏、白芷、猪牙皂角、胡椒各等分，麝香少許爲細末，用竹筒盛藥一字，吹入鼻中，立效。○又法：葱一握，鹽一兩，同杵爲泥罨兩鼻内，須臾打嚏〔一二〕，清水流出，是其效也。

治馬患眼 青鹽、黄連、馬牙硝、蕤仁各等分，同研爲末，用蜜煎，入磁瓶内盛貯。點時旋取多少，以井水浸化。

治馬頰骨脹 用羊蹄根草四十九箇，燒灰熨骨上，冷即换之。如無羊蹄根，以楊柳枝如指頭大者，炙熱熨之。

治馬喉腫 螺青、川芎、知母、川鬱金、牛旁炒。薄荷、貝母同爲末，每服二兩，蜜二兩，用水煎沸，候温調灌〔一三〕。○又法：取乾馬糞置瓶中，以頭髮覆蓋，燒烟，熏其兩鼻。

治馬舌硬 款冬花、瞿麥、山梔子、地仙草、青黛、鵬砂、朴硝、油煙墨等分爲細末，每用半兩，調塗舌上，立痊〔一四〕。

治馬膈痛 羌活、白藥、甜瓜子、當歸、没藥爲末，春夏漿水加蜜，秋冬小便調。療膈痛，低頭難，不食草。

治馬傷脾 川厚朴去麄皮爲末，同薑、棗煎，治一應脾胃有傷，不食水草，褰〔一五〕唇似笑，鼻中氣短，宜速與此藥〔一六〕。

治馬心熱　甘草、芒硝、黄柏、大黄、山梔子、瓜蔞爲末，水調灌。一應心肺壅熱，口鼻流血，跳躑煩燥，宜急與此藥〔一七〕。

治馬肺毒　天門冬、知母、貝母、紫蘇、芒硝、黄芩、甘草、薄荷葉同爲末，飯湯入少許醋調灌，療肺毒熱極，鼻中噴水。

治馬肝壅　朴硝、黄連爲末，男子頭髮燒灰存性，漿水調灌。一應邪氣衝肝，眼目似睡，忽然眩倒，此方治之〔一八〕。

治馬卒熱肚脹　用藍汁二升、井花水①二升和灌之。

治馬腎搐　烏藥、芍藥、當歸、玄參、山茵蔯、白芷、山藥、杏仁、秦艽，每服一兩，酒一大升，同煎。温灌，隔日再灌。

治馬流沫　當歸、菖蒲、白术、澤瀉、赤石脂、枳殼、厚朴、甘草爲末，每服一兩半。酒一升，葱白三握，同水煎，温灌〔一九〕。

治馬氣喘　玄參、葶藶、升麻、牛蒡、兜苓、黄耆、知母、貝母同爲末，每服二兩，漿水調，草後灌之。

治馬啌喘毛焦　用大麻子揀净。一升餧之，大效。

治馬尿血　黄耆、烏藥、芍藥、山茵蔯、地黄、兜苓、枇杷葉爲末，漿水煎沸，候冷調灌〔二〇〕。

治馬結尿　滑石、朴硝、木通、車前子爲末，每服一兩。温水調灌，隔時再服。結甚，則加山梔子、赤芍藥。

治馬結糞　皂角燒灰存性，大黄、枳殼、麻子仁、黄連、厚朴爲末，清米泔調灌，若腸突，加蔓荆子末同調。

治馬傷蹄　大黄、五靈脂、木鼈子去油，海桐皮、甘草、土黄、芸薹子、白芥子爲末，黄米粥調藥，攤帛上裹之。

治馬發黄　黄柏、雄黄、木鼈子仁等分爲末，醋調塗瘡上，紙貼之。初見黄腫處，便用針；遍，即塗藥。

治馬急起卧　取壁上多年石灰，細杵，羅。用酒調二兩，灌之立效〔二一〕。

治馬疥癆　馬疥癆及瘙痒，用川芎、大黄、防風、全蝎，各一兩。荆芥穗，五兩。爲細末，分作五服，白湯調，冷灌之。

治馬梁脊破　成瘡不能騎坐，如未破，將馬脚下濕稀泥塗上，乾即再易濕者，三五次自消；或只用溝中青臭泥亦可。已破成瘡者，用黄丹、枯白礬、生薑、燒存性。人天靈蓋，燒存性。各等分爲末，入麝香少許，瘡乾用麻油調。若瘡濕有膿，用漿水同葱白煎湯洗浄，傳之立效。

治馬中結　川山甲、炒黄色。大黄、郁李仁、各一兩。風化石灰，一合，如無灰，以朴硝四兩代之。共爲細末作一服，用麻油四兩，釅醋一升，調勻灌之，立效。如灌藥不通，用猪牙皂角②爲細末，同麻油各四兩，和勻，填糞門中；再灌前藥，一服即透。

常啖馬藥　鬱金、大黄、甘草、貝母、山梔子、白藥、黄藥、欵冬花、黄柏、黄連、知母、桔梗，各等分爲末，每服二兩，以油蜜和灌之。若駒則隨其大小，量爲加減。

養羊法　羊者，火畜也，其性惡濕，利居高燥，作棚宜高，常除糞穢。若食秋露水草則生瘡。凡羊種，以臘月、正月所生之羔爲上，十一月及二月生者次之。大率十口二羝〔二二〕，少則不孕，多則亂群。羝無角者更佳；有角者喜相觸，傷胎所由也③。

棧羊法　向九月初買膔羯羊，多則成百，少則不過數十羫。初來時與細切乾草，少著糟水拌，經五七日後，漸次加磨破黑豆稠，糟水拌之。每羊少飼，不可多與，與多則不食，可惜草料；又兼不得肥。勿與水，與水則退膔溺多。可一日六七次上草，不可太飽，太飽則有傷；少則不飽，不飽則減膔。欄圈常要潔净，一年之中，勿餵青草，餵之則減膔破腹，不肯食枯草矣。

治羊夾〔二三〕蹄　以羖羊脂煎熟去滓，取鐵篦子燒令熱，將脂勻塗篦上烙之。勿令入水，次日即愈。

治羊疥癩　藜蘆根不拘多少搥碎，以米泔浸之，瓶盛塞口，置竈邊令暖，數日味酸可用。先以瓦片刮疥處令赤，用温湯洗去瘡甲〔二四〕拭乾，以藥塗上，兩次即愈。若疥多宜漸塗之，偏塗恐不勝痛。○又方：用鍋底墨及鹽與桐油各二兩，調匀塗之。

治羊中水　先以水洗眼及鼻中膿汙令净，次用鹽一大撮，就將沸湯研化，候冷澄清汁，注雞子清少許，灌鼻内。五日後漸愈。

治羊敗羣　羊膿鼻及口頰生瘡如乾癬者相染，遂致絶羣。治法：取長竿竪於棧所，竿頭置一小板，繫獼猴於竿，令可上下，又辟狐狸而益羊瘥病。

養猪法　母猪取短喙無柔毛者良，喙長則牙多，一廂三牙已上者不可養，爲其難得肥也。牝者子母不同圈，子母若同圈〔二五〕，喜相聚而不食。牡者同圈則無害。

肥猪法　麻子二升，擣千〔二六〕餘杵，鹽一升同煮，和糠三升飼之，立肥④。

治猪病　割去尾尖，出血即愈。若瘟疫用蘿蔔或蒸〔二七〕及梓樹葉〔二八〕與食之。不食難救。

養犬法　凡人家勿養高脚狗，彼多喜上桌櫈竈上。養矮脚者便益，純白者能爲怪，勿畜之。○凡黑犬四足白者凶，後二足白、頭黄者吉，足黄招財，尾白者大吉，一足白者益家。白犬黄頭吉，背白者害人，帶虎斑者吉。黄犬前二足白者吉，胸白者吉；口黑者招官事，四足俱白者凶。青犬黄耳者吉。○犬生三子俱黄，四子俱白，八子俱黄，五子六子俱青，吉。

治狗病　用水調平胃散灌之，加清油〔二九〕巴豆尤妙。

治狗卒死　用葵根塞鼻内可〔三〇〕活。

治狗癩　狗遍身瘸癩，用百部濃煎汁塗之。○狗蠅多者，以香油遍擦〔三一〕立去。

相猫法　猫兒身短最爲良，眼用金銀尾用長，面似虎威聲要喊，老鼠聞之自〔三二〕避藏。○露爪能翻瓦，腰長會走家，面長雞絶種，尾大懶如蛇。○又法：口中三坎者捉一季，五坎者捉二季，七坎者捉三季，九坎者捉四季。花朝口咬頭牲，耳薄不畏寒。毛色純白純黑黄者，不須揀。若看花猫，身上有花，又要四足及尾花「纏得過」方好。

治猫病　凡猫病，用芍藥磨水灌之。○若偎火疲悴，用硫黄少許，入猪腸〔三三〕中炮熟餵之，或入魚腸中餵之，亦可。○小猫誤被人踏死，用蘇木濃煎湯濾去柤灌之。

相鵝鴨法　鵝鴨母，其頭欲小，口上齕⑤有小珠滿五者生卵多，滿三者爲次。

選鵝鴨種　凡鵝鴨並選再伏者爲種。大率鵝三雌一雄，鴨五雌一雄。抱〔三四〕時皆一月。量雛欲出之時，四五日間不可震響，大鵝抱十子，大鴨十五子，小者量減之。數起者不任爲種；其貪伏不起者爲種，須五六日一與食起。

棧鵝易肥法　稻子或小麥〔三五〕、大麥不計，煮熟。先用磚蓋成小屋，放鵝在内，勿令轉側。門以〔三六〕木棒簽定，只令出頭喫食，日餵三四次，夜多與食，勿令住口。如此五日必肥。

養雌鴨法　每年五月五日，不得放棲，只乾餵，不得與水，則日日生卵；不然或生或不生，土硫黄飼之易肥。

養雞法⑥　雞種取桑落時者良，春夏生者不佳。鷄春夏雛，二十日内，無令出窠，飼以燥飯，若濕飯〔三七〕則臍生膿。不宜燒柳木柴，大者盲，小者死。餵小麥易大。〇作棲不宜用桃李木，安棲宜四極中星之處。子午卯酉方爲四極，申丙庚壬爲中星。

棧雞易肥法　以油和麫捻成指尖大塊，日與數十枚食之。又以做成硬飯，同土硫黄研細，每次與半錢許，同飯拌匀，餵數日即肥。

養雞不抱〔三八〕法　母雞下卵時，日逐食内夾以麻子餵之，則常生卵不菢。

養生雞法　雞初來時，即以凈温水洗其脚，自然不走。

治雞病　凡雞雜病，以真麻油灌之，皆立愈。若中蜈蚣毒，則研茱萸解之。

治鬬雞病　以雄黄末，搜飯飼之，可去其胃蟲。此藥性熱，又可使其力健。

養魚法　陶朱公曰：治生之法有五。水畜第一〔三九〕，魚池是也。池中作九洲，求鯉魚二月上庚日〔四〇〕納池中，令水無聲，魚必生。至四月納一神守，六月二神〔四一〕守，八月三神守，神守者：鼈也。所以納鼈者，鱗蟲三百六十，蛟龍爲之長，而將魚飛去。有鼈則魚不去，在池中周遶九洲無窮，自謂江湖也。養鯉者，鯉不相食，易長又貴也。

治魚病　凡魚遭毒翻白，急疏去毒水，别引新水入池，多取芭蕉葉搗捽，置新水來處，使吸之則解。或以溺澆池面，亦佳。

治鹿病　宜用鹽拌豆料餵之，常餵以豌豆亦佳。

治猿病　小猿宜餵以人參、黄耆，若大猿則以蘿蔔餵之。

治鶴病　用蛇鼠及大麥，並宜煮熟餵之。

治鸚鵡病　以柑欖〔四三〕、餘甘飼之愈，預收作乾，以備緩急之用。

治鴿病　用古墻上螺螄殻，并續隨子、銀杏，搗爲丸，每餵十丸，若爲鷹所傷，宜取地黄研汁浸米飼之。

治百鳥病　百鳥喫惡水，鼻凹生爛瘡，甜瓜蒂爲末，傅之，愈。

校記

〔一〕「快使」：疑有誤字，據齊民要術及相牛經，應作「行快」或「行駛」。

〔二〕「瘥」：嘉本原缺，依萬本補。

〔三〕「入」：嘉本原缺，依萬本補。
〔四〕「下」：嘉本原缺，依萬本補。
〔五〕「半」：萬本作「五分」。
〔六〕「二」：萬本作「一」。
〔七〕「闊」：嘉本作悶，依萬本改。
〔八〕「千里」：嘉本原缺，依齊民要術及相馬經，應補。
〔九〕「焉敢」：嘉本譌作「馬取」，依萬本改。
〔一〇〕「簷」：嘉本作「詹」，依萬本改。
〔一一〕「下風」：嘉本作「風下」，依萬本改。
〔一二〕「啼」：萬本作「通」，按應作「嚏」。
〔一三〕萬本「灌」字後有「之」字。
〔一四〕「痊」：萬本作「瘥」。
〔一五〕「褰」：嘉本誤作「寒」，依萬本改。
〔一六〕萬本「藥」字下有「治之」二字。
〔一七〕萬本「藥」字後有「治」字。
〔一八〕萬本無「之」字。

〔一九〕萬本「灌」字後多「之」字。

〔二〇〕萬本「灌」字後多「之」字。

〔二一〕萬本無「立效」二字。

〔二二〕萬本重「羝」字，屬下讀。

〔二三〕「夾」：嘉本目録作「夾」，此處譌作「火」，依目録及齊民要術改。

〔二四〕「甲」：嘉本譌作「中」，依萬本作「甲」，「甲」即痂也。

〔二五〕「圈」：萬本譌作「骨」。

〔二六〕「千」：萬本作「十」。

〔二七〕「蒸」：萬本此處爲墨釘。

〔二八〕「葉」：萬本作「華」。

〔二九〕「清油」：萬本作「赤殼」。

〔三〇〕「可」：萬本作「即」。

〔三一〕萬本「遍」字下有「身」字；「擦」字下有「之」字。

〔三二〕「自」：嘉本譌作「百」，依萬本作「自」。

〔三三〕「腸」：萬本作「湯」，下「魚腸」之「腸」同。

〔三四〕「抱」：萬本作「菢」。

〔三五〕「麥」：萬本作「米」。

〔三六〕「以」：萬本作「中」。

〔三七〕「若濕飯」：萬本誤作「聚若聯」。

〔三八〕「抱」：見本卷校記〔三四〕。

〔三九〕「一」：嘉本殘缺，依萬本補。

〔四〇〕「日」：嘉本原作「月」，依萬本改。

〔四一〕「神」：嘉本譌作「納」，依萬本改。

〔四二〕「柑欖」：應是「橄欖」。

注解

① 「井花水」：即清晨新汲井水。

② 「猪牙皂角」：即「肥皂莢」。

③ 按此條依農桑輯要摘録齊民要術。

④ 此條據齊民要術引淮南萬畢術。

⑤ 「齕」：借作「頷」字用。

⑥ 按此條依農桑輯要摘録齊民要術。

便民圖纂卷第十五

製造類上

辟穀救荒法 千金方云：用白蜜二斤，白麪六斤，香油二斤，茯苓四兩，甘草二兩，生薑四兩，去皮。乾薑二兩，炮。共爲細末，拌匀、擣爲塊子，蒸熟陰乾爲末，以絹袋盛。每服一匙，冷水調下，可待百日，雖太平時，亦不可不知此。

取蟾酥法 捉大癩蝦蟆，先洗净，用繩縛住。以小杖鞭眉上兩道高處。須臾，有白膏自出，便刮在净器内收貯。乃真蟾酥也。

法煎香茶 上春嫩茶芽，每五十兩重，以菉豆一升，去殼蒸焙。山藥十兩，一處細磨。别以腦麝各半錢重，入盤同研，約二千杵，納罐内密封。窨三日後，可以烹點。愈久香味愈佳。

腦麝香茶 腦子隨多少，用薄紙裹置茶合上，密蓋定。點供，自然帶腦香。其腦又可别用。取麝香殼安罐底，自然香透。尤妙。

百花香茶 木犀、茉莉、橘花、素馨等花，依前法熏之。

煎茶法　用有焰炭火滚起，便以冷水點住，伺再滚起再點，如此三次，色味兼美。

天香湯　白木犀盛開時，清晨帶露，用杖打下花，以布被盛之，揀去蒂萼，頓在浄瓷器内。候積聚多，然後用新砂盆擂爛。一名「山桂湯」，一名「木犀湯」。用木犀一斤，炒鹽四兩，炙粉草一〔一〕二兩拌匀，置瓷瓶中密封，曝七日。每用，沸湯點服。

縮沙湯　縮砂仁、四兩。烏藥、二兩。香附子、一兩，炒。粉草，二兩，炙。共爲末，每用二錢，加鹽。沸湯點服，中酒者〔二〕服之妙，常服，快氣進食。

須問湯　東坡歌括云：「半兩生薑乾用。一升棗，乾用，去核。三兩白鹽炒黄。二兩草，炙，去皮。丁香、木香各半錢，約量陳皮去白。一處擣。煎也好，點也好，紅白容顔直到老。」

熟梅湯　樹頭黄大梅，蒸熟去皮核。每斤用甘草末五錢，炒鹽四兩，薑絲二兩，青椒五錢，待秋間入木犀，不拘多少。

鳳髓湯　松子仁、胡桃肉、湯浸去皮，各一兩。蜜，半兩。共研爛入蜜和匀，每用沸湯點服，能潤肺療咳嗽。

香橙湯　大橙子、三斤，去核，切作片子，連皮用。檀香末、半兩。生薑、五兩，切作片，焙乾。甘草末，一兩。内二件用浄砂盆研爛，次入檀香、甘草末和作餅子焙乾，碾爲細末，每用一錢鹽少許，沸湯點服，寬中快氣消酒。

造酒麯 白麪一百斤，菉豆五斗，辣蓼末五兩，杏仁十兩，去皮，研爲泥。先用蓼汁浸菉豆一宿，次日煮極爛，攤冷和麪，次入杏泥、蓼末拌勻，踏成餅，稻草包裹。約四十餘日，去草晒乾收起，須三伏中造。

菊花酒 酒醅將熟時，每缸取黄英菊花，去萼、蒂，甘者。只取花英二斤，擇净入醅内攪勻，次早榨則味香美。但一切有香無毒之花，倣此用之，皆可。

收雜酒法 如人家賀客攜酒，味之美惡，必不能齊，可共聚一缸，澄清去渾，將陳皮三兩許，撒入缸内，浸三日漉去，再如前撒入，如此三次，自成美醞。

抝酸酒法 若冬月造酒，打扒遲而作酸，即炒黑豆一二升，石灰二升或三升，量酒多少加減，却將石灰另炒黄，二件乘熱傾入缸内，急將扒打轉。過一二日榨，則全美矣。〇又法：每酒一大瓶，用赤小豆一升，炒焦袋盛，放酒中即解。

治酒不沸 釀酒失冷，三四日不發者，即撥開飯中，傾入熟酒醅三四碗，須臾便發。如無酒醅，將好酒傾入一二升，便有動意，不爾則作甜。

造千里醋 烏梅去核一斤，以釅醋五升浸一伏時曝乾，再入醋浸再曝乾，以醋盡爲度。搗爲末，以醋浸蒸餅爲丸，如雞頭大。投一二丸於湯中，即成好醋。

造七醋 黄陳倉米五斗，浸七宿，每日换水一次，至七日做熟飯，乘熱入甕，按平，封閉。

第二日番轉，至第七日再番轉，傾入井水三擔，又封。一七日攪一遍再封；二七日再攪；至三七日即成好醋。此法簡易，尤妙。

收醋法　將頭醋裝入瓶内，燒紅炭一小塊投之，摻入炒小麥一撮，箬封泥固，則永不壞。

造醬　三伏中，不拘黄、黑豆，揀浄，水浸一宿，漉出煮爛，用白麪拌匀攤蘆席上；用楮葉或蒼耳葉蓋。一日發熱，二日作黄衣，三日後翻轉曬乾。黄子一斤，用鹽四兩爲率。井水下，水高黄子一拳。曬，須不犯生水。

治醬生蛆　用草烏五、七箇，切作四半，撒入，其蛆自死。

治飯不餿　用生莧菜葉鋪蓋飯上，則飯不作餿氣。

造酥油　取牛乳下〔三〕鍋滚二三沸，舀在盆内。候冷定，結成酪皮；取酪皮又煎，油出去粗，舀在盆内，即是酥油。

造乳餅　取牛乳一斗，絹濾入鍋，煎三五沸。先將好醋，以水解淡，俟乳沸點入，則漸結成。漉出，用絹布之類包盛，以石壓之。

收藏乳餅　取乳餅安鹽甕底，則不壞。用時取出，蒸軟則如新。

煮諸肉　牛肉猛火煮至滚，便當退作慢火，不可蓋，蓋則有毒。若老牛肉，入碎杏仁及蘆葉一束同煮，易軟爛。○馬肉冷水下，入葱酒煮，不可蓋。○羊肉滚湯下，蓋定，慢火養熟。若老羊，同瓦片煮則易爛；羝羊同核桃煮則不臊。○猪、羊肉以舊籬上篾一把，入鍋同煮，立軟。○獐肉冷水下，煮不宜過，過則乾燥無味，加葱、椒、山藥，其味珍美。○鹿肉宜與肥猪、羊肉同煮，以鹿肉乾燥，借其油味浸入，令肉性滋潤。煮不宜過，滚水下。○兔肉鹽醃一宿，冷水下，加葱、椒，宜蘿蔔製。亦可與肥肉同煮，若煮太熟，則肉乾無味。○老雞、鵝、鴨，取猪胰一具，切爛同煮，以盆蓋定，不得揭開，約熟爲度，則肉軟而汁佳。或用櫻桃葉數片煮老鵝，赤〔四〕餳糖兩塊煮老雞，皆能易軟。○煮陳臘肉同〔五〕。

燒肉 猪、羊、鵝、鴨等，先用鹽醬料物淹一二時，將鍋洗净燒熱，用香油遍澆，以柴棒架起肉，盆令〔六〕紙封，慢火熓〔七〕熟。

四時臘肉 收臘月内淹肉滷汁，净器收貯，泥封頭。如要用時，取滷一碗，加臘水一碗，鹽三兩，將猪肉去骨，三指厚，五寸闊段子〔八〕，同鹽料末淹半日，却入滷汁内浸一宿，次日其肉色味與臘肉無異。若無滷汁，每肉一斤，用鹽半斤，淹二宿，亦妙。煮時先以米泔清者，入鹽一二兩煮三沸〔九〕，换水煮。

收臘肉法 新猪肉打成段，用煮小麥滚湯淋過，控乾。每斤用鹽一兩擦拌，置甕中。三二日，一度翻；至半月後，用好糟淹一二宿。出甕，用元淹汁水洗净，懸於無煙净室。二十日以後，半乾半濕，以故紙封裹；用淋過净灰於大甕中，一重灰，一重肉，埋[一〇]訖，盆合，置之凉處，經歲如新。煮時，米泔浸一炊時，洗刷净，下清水中，鍋上盆合土擁，慢火煮。候滚即徹[一一]薪。停息一炊時，再發火；再滚，住火。良久取食。此法之妙，全在早淹，須臘月前十日淹藏，令得臘氣爲佳，稍遲則不佳矣。牛、羊、馬等肉，並同此法。如欲色紅，須纔宰時，乘熱以血塗肉，即顔色鮮紅可愛。

夏月收肉　凡諸般肉，大片薄批，每斤用鹽二兩，細料物少許拌匀，勤番動，淹半日許，榨去血水，香油抹過蒸熟，竹篾穿懸烈日中，晒乾收貯。

夏月煮肉停久　每肉五斤，用胡荽子一合，醋二升，鹽三兩，慢火煮熟，透風處放。若加酒、葱、椒同煮，尤佳。

淹鵝鴨等物　撏净，於胸上剖開去腸肚，每斤用鹽一兩，加川椒、茴香、蒔蘿、陳皮等擦。淹半月後，晒乾爲度。

醃鴨卵　不拘多少，洗净控乾，用竈灰篩細。二分，鹽一分拌匀，却將鴨卵於濃米飲湯中蘸濕[一二]，入灰，鹽滚過收貯。

造脯　歌括云：「不論猪、羊與大牢，一斤切作十六條，大盞醇醪小盞醋，馬芹、時蘿入分毫，揀净白鹽秤四兩，寄語庖人漫火熬，酒盡醋乾方是法，味甘不論孔聞[一三]韶。」

牛腊鹿脩 好肉不拘多少，去筋膜，切作條或作段。每二斤，用鹽六錢半，川椒三十粒，葱三大莖，細切。酒一大盞〔一四〕，同淹三五日。日翻五七次晒乾，猪、羊倣此。

製猪肉法 净燖猪訖，更以熱湯遍洗之，毛孔中即有垢出，以草痛揩，如此三遍，揩洗令净，四破，於大釜煮之，以杓接取浮脂，則着甕中，稍稍添水，數數接脂，脂盡漉出，破爲四方寸臠，易水更煮。下酒二升，以殺腥臊，青白皆得。若無酒，以酢漿代之，添水接脂，一如上法，脂盡無復腥氣，漉出擺放於銅罐中熬之。一行肉，一行擘葱、净〔一五〕豉、白鹽、薑、椒，如是次第布訖，下水熬〔一六〕之，肉作琥珀色乃止。恣意飽食，亦不能〔一七〕餶，烏驢切〔一八〕。乃勝燠肉。欲得着冬瓜、甘瓠者，於銅器中布肉時下之，其盆中脂練白如珂雪，可〔一九〕以供餘用者焉①。

撏鵝鴨 大者一隻撏净去腸肚，以榆仁醬肉汁調，先炒葱油傾汁下鍋，川〔二〇〕椒數粒，後下鴨子，慢火煮熟，拆開另盛湯〔二一〕供。鵝、鴈、鶏同此製造。

造鶏鮓 肥者二隻去骨，用净肉每五斤，細切，入鹽三兩，酒一大壺〔二二〕淹。過宿，去滷，用葱絲四兩，薑絲二兩，橘絲一兩，椒半兩，時蘿、茴香、馬芹各少許，紅麯末一合，酒半升，拌匀，入罐實捺，箬封泥固。猪、羊精者，皆可倣此治造。

造魚鮓 每大魚一斤，切作片臠，不得犯水，以布拭乾，夏月用鹽一兩半，冬月一兩，待片時，醃魚水出，再漳〔二三〕乾，次用薑、橘絲、蒔蘿、紅麯、饋〔二四〕飯并葱油拌匀〔二五〕，共入磁罐捺實。箬蓋，竹簽插，覆罐。去滷盡，即熟。或用礬水浸則肉緊而脆。

醃藏魚　臘月，將大鯉魚去鱗雜、頭、尾，劈開，洗去腥血，布拭乾。炒鹽醃七〔二六〕日；就用鹽水刷洗净，當風處懸之。七七日，魚極乾，取下割作大方塊，用臘酒脚和糟稍稀，相魚多少，下炒茴香、蒔蘿、葱、鹽、油，拌匀塗魚，逐塊入净罎，一層魚，一層糟，罎滿即止。以泥固口，過七七日開。開時忌南風，恐致變壞。

糟魚　大魚片，每斤用鹽一兩，先醃一宿，拭乾，别入糟一斤半，用鹽一兩〔二七〕半，和糟將魚大片用紙裹，以糟覆之。

酒麯魚　大魚洗净一斤，切作手掌大，用鹽二兩，神麯末四兩，椒百粒，葱一握，酒二升拌匀密封，冬七日，夏一宿可食。

去魚腥　薄荷葉、白礬、紅茶爲末拌匀，醃一宿〔二八〕至次日早，漳去腥水，再以新汲水洗净，任意用之。○一法：煮魚用些少木香在内則不腥。

糟蟹　歌括云：「三十團臍不用尖，水洗控乾布拭。糟鹽十二五斤鮮，糟五斤，鹽十二兩〔二九〕。好醋半斤并半酒，拌匀糟内。可飡七日到明年。七日熟可食〔三〇〕。」

酒蟹　九月間，揀肥壯者十斤，用炒鹽一斤四兩，好白礬末一兩半，先將蟹洗净，用稀篾籃封貯懸於當風處，以蟹乾爲度。好醅酒五斤拌和鹽礬，令蟹入酒内良久取出。每蟹一隻，以花椒一顆納臍内，入磁瓶實捺收貯，更用花椒摻其上，包瓶紙花上，用韶粉一粒，箬紥泥固。取時不許見燈，或用好酒，破開，臘糟拌鹽礬亦得，糟用五斤。

醬蟹 團臍百枚，洗净控乾。臍内滿填鹽，用線縛定，仰疊入磁器中。法醬二斤，研渾椒一兩，好酒一斗，拌醬椒勻，澆浸令過蟹一指〔三〕，酒少再添。密封泥固，冬二十日可食。

酒鰕 大鰕每斤用鹽半兩，醃半日瀝乾入瓶中。一層鰕入椒十餘粒，層層下訖，以好酒化鹽〔三〕一兩半澆之，密封五七日熟，冬十餘日。每鰕一斤，用鹽三兩。

煮蛤蜊 用枇杷核煮，則釘易脱。

煮簽笋 如猫頭笋之類，簽②而不可食者，先以薄荷葉數片，入鍋同鹽煮熟，則無簽氣。

造芥辣汁 芥菜子，淘净，入細辛少許，白蜜、醋，一處同研爛，再入淡醋。濾去柤，極辣。

造脆薑 嫩生薑去皮，甘草、白芷、零陵香少許，同煮熟，切作片子，則脆美異常。

糟薑 社前嫩薑，去蘆，揩净。用煮酒和糟、鹽拌勻，入磁罈。上用沙糖一塊。箬紥泥封。

醋薑 炒鹽醃一宿，用元滷入釅醋同煎數沸，候冷入薑。箬紥瓶口，泥封固。

醬茄 將好嫩茄，去蒂，酌量用鹽醃五日，去水。别用市醬醃五七日。其水去盡，揩乾，晒一日，方可入好醬内。

糟茄　八九月間，揀嫩茄去蒂，用河〔三三〕水煎湯冷定，和糟、鹽拌匀入罈，箬紮泥封。訣云：「五茄六糟鹽十七，更加河水甜如蜜。」

蒜茄　深秋，摘小茄，去蒂揩净。用常醋一碗，水一碗，合和煎微沸，將茄煠過，控乾，搗蒜并鹽和，冷定，醋水拌匀，納磁罈中。

香茄　取新嫩者，切三角塊，沸湯煠過，稀布包，榨乾。鹽醃一宿，晒乾。用薑絲、橘絲、紫蘇拌匀，煎滚，糖醋潑。晒乾收貯。

香蘿蔔　切作骰子塊，鹽醃一宿，晒乾。薑絲、橘絲、蒔蘿、茴香，拌匀煎滚，常醋潑。用磁器盛，曝乾收貯。

收藏瓜茄　用淋過灰晒乾，埋王〔三四〕瓜、茄子於内，冬月取食如新。

收藏梨子　揀不損大梨，有枝柯者，插不空心大蘿蔔内，紙裹暖處，至春深不壞。帶梗柑橘，亦可依此法。

收藏林檎　每一百顆内，取二十顆搥碎入水同煎，候冷納净甕浸之。密封甕口，久留愈佳。

收藏石榴　選大者連枝摘下，用新瓦缸安排在内，以紙十餘重密封蓋。

收藏柿子　柿未熟者，以冷鹽湯浸之，可令周歲顏色不動。

熟生柿法 取麻骨插生柿中，一夜可熟。

收藏桃子 以麥麪煮粥，入鹽少許，候冷傾入新甕，取桃納粥内，密封甕口，冬月如新。桃不可熟，但擇其色紅者佳。

收藏柑橘 擇光鮮不損者，將有眼竹籠先鋪草襯底，及護四圍，勿令露出，重疊裝滿，安於人不到處，勿近酒氣，可至四五月。若乾了，用時於柑橘頂上，用竹針針十數孔，以温蜜湯浸半日〔三五〕，其漿自充滿如舊。

收藏金橘 安錫器内，或芝麻雜之，經久不壞。若橙橘之屬，藏菉豆中極妙。勿近米邊，見米即爛。

收藏橄欖 用好錫有蓋罐子，揀好橄欖裝滿，紙封縫，放净地上，至五六月猶鮮。

收藏藕 好肥白嫩者，向陰濕地下埋之，可經久如新。若將遠，以泥裹之不壞。

收藏栗子 霜後初生栗，投水盆中去浮者，餘漉出布拭乾，晒少時，令無水濕爲度。用新小瓶，先將沙炒乾，放冷；以栗裝入，一層栗，一層沙，約八九分滿；每瓶盛二三百箇，用箬一重蓋覆，以竹簽按定。掃一净地，將瓶倒覆其上，略以黄土封之，不宜近酒氣，可至來春不壞。

收藏核桃 以麄布袋，盛掛當風處，則不膩。收松子亦可用此法。

收乾荔枝　以新瓷甕盛，每鋪一層，用鹽白梅二三箇，以箬葉包如粽子狀，置内密封甕口，則不蛀壞。

收藏榧〔三六〕子　以舊盛茶瓷甕收之，經久不壞。

收藏諸青果　十二月間，盪洗潷净瓶或小缸盛臘水，遇時果出〔三七〕用銅青末與青果同入臘水收貯，顔色不變如鮮。凡青梅、枇杷、林檎、小棗、蒲萄、蓮蓬、菱角、甜瓜、梨子、柑橘、香橙、橄欖、荸薺等果皆可收藏。

收藏諸乾果　以乾沙相和入新甕内收〔三八〕之，密封其口，或用芝麻拌和亦可。

收藏嚮糖　以燈草寸剪，重重間和收之，雖經雨不潤。

造蜜煎果　凡煎果須隨其酸苦辛硬製之，以半蜜半水煮十數沸，乘熱控乾。別换純蜜，入沙銚内，用文武火再煮，取其色明透爲度，新甕盛貯，緊密封固，勿令生蟲，須時復看視〔三九〕，覺蜜酸，急以新蜜煉熟易之。

收藏蜜煎果　黄梅時换蜜，以細辛末放頂上，蟻蟲不生。

大料物法　官桂、良薑、蓽撥草、荳蔻、陳皮、縮砂仁、八角、茴香各一兩，川椒二兩，杏仁五兩，甘草一兩半，白檀香半兩，共爲細末用。如帶出路，以水浸蒸餅，丸如彈子大。用時，旋以湯化開。

素食中物料法 蒔蘿、茴香、川椒、胡椒、乾薑、炮。甘草、馬芹、杏仁各等分，加榧子肉一倍，共爲末，水浸蒸餅爲丸，如彈子大，用時湯化開。

省力物料法 馬芹、胡椒、茴香、乾薑、炮。官桂、花椒各等分爲末，滴水爲丸，如彈子大，每用調和撚破，即入鍋内，出外尤便。

一了百當 甜醬一斤半，臘糟一斤，麻油七兩，鹽十兩，川椒、馬芹、茴香、胡椒、杏仁、良薑、官桂等分爲末，先以油就鍋内熬香，將料末同糟醬炒熟，入器收貯。遇修饌隨意挑〔四〇〕用，料足味全，甚便行厨。

校記

〔一〕萬本無「一」字。

〔二〕「者」：嘉本作「煮」，依萬本改。

〔三〕「下」：嘉本譌作「不」，依萬本改。

〔四〕「赤」：嘉本作「亦」，依萬本改。

〔五〕「同」：嘉本譌作「待」，依萬本改。

〔六〕「令」：疑是「合」字。

〔七〕「焬」：萬本作「燒」。
〔八〕「子」：萬本作「了」，疑是「之」字。
〔九〕「沸」：嘉本作「拂」，依萬本改。
〔一〇〕「埋」：嘉本譌作「理」，依萬本改。
〔一一〕「徹」：借作「撤」字用，萬本徑作「撤」。
〔一二〕「濕」：嘉本譌作「温」，應依萬本改。
〔一三〕「聞」：嘉本譌作「間」，依萬本改。
〔一四〕「盞」：嘉本作「壺」，依萬本改。
〔一五〕「净」：萬本作「渾」。
〔一六〕「熬」：萬本作「蒸」，齊民要術作「烝」。「熬」與「烝」義同。
〔一七〕「能」：萬本缺。
〔一八〕「驢」：萬本作「驛」。
〔一九〕「可」：嘉本譌作「寸」，依萬本改。
〔二〇〕「川」：萬本作「入」。
〔二一〕「湯」：嘉本譌作「陽」，依萬本改。
〔二二〕「壺」：萬本作「盞」。

〔二三〕「滰」：萬本作「漉」。「滰」係唐代字，即去水之義。

〔二四〕「饋」：應作「饙」字。

〔二五〕「匀」：嘉本無，依萬本補。

〔二六〕「七」：嘉本譌作「匕」，依萬本改。

〔二七〕「兩」：萬本作「分」。

〔二八〕「宿」：嘉本譌作「粟」，依萬本改。

〔二九〕「兩」字，依多能鄙事補。

〔三〇〕「食」：嘉本原缺，依萬本補。萬本「食」字後，有「藏至明年」一句。

〔三一〕「指」：萬本譌作「隻」。

〔三二〕「鹽」：萬本譌作「薑」。

〔三三〕「河」：嘉本作「活」，萬本作「河」，依下文，以作「河」爲是。

〔三四〕「王」：應作「黄」。

〔三五〕「日」：依萬本補。

〔三六〕「榧」：萬本作「柟」。

〔三七〕「出」：嘉本漫漶，依萬本補。

〔三八〕「收」：萬本作「盛」。

〔三九〕「視」：嘉本作「既」，依萬本改。

〔四〇〕「挑」：嘉本作「就」，依萬本改。

注解

① 此條出齊民要術。

② 「歛」：即有澀味——現在兩廣及湘南方言中有此語。

便民圖纂卷第十六

製造類下

造雨衣 茯苓、狼毒與天仙，貝母、蒼术等分全，半夏、浮萍加一倍，九升水煮不須添。騰騰慢火熬乾净，雨下隨君到處穿，莫道單衫元是布，勝如披着幾重氈。

治塵衣 用大蒜搗碎擦洗塵①處即净。

去墨汙衣 用棗嚼爛搓之，仍用冷水洗無迹；或用飯擦之；或嚼生杏仁旋吐旋洗皆可。

去油汙衣 用豆粉厚摻汙處，以熱熨斗坐粉〔二〕上，良久即去。或用蕎麥麪鋪，上下紙隔定，熨之無迹。或用清〔二〕沸湯泡紫蘇擺洗。若牛油汙者，嚼生粟米洗之。羊油汙者，用石灰湯洗之，皆净。

洗黄坭汙衣 以生薑挼過用水擺去。

洗蟹黄汙衣 用蟹中腮揩之，即净。

洗青黛汙衣 嚼杏仁洗之。

洗血汙衣　用冷水洗即净。若瘡中膿汙衣，用牛皮膠洗之。

洗皂衣　用梔子濃煎，洗之如新。

洗白衣　取豆稭灰或茶子去殼洗之，或煮蘿蔔湯，或煮芋汁洗之，皆妙。

洗綵衣　用牛膠水浸半日，以温湯洗之。○又法：用豆豉湯熱擺油〔三〕去色不動。

洗葛焦②　清水揉梅葉洗之不脆；或用桃葉擣碎泡湯洗之亦可。

洗竹布　竹布不可揉洗，須摺起，以隔宿米泔浸半日。次用温水淋之，用手輕按，晒乾，則垢則膩盡去。

洗毛衣　用猪蹄爪煎湯，乘熱洗〔四〕。

洗黄草布　以肥皂水洗，取清灰汁浸壓，不可揉。

漂苧布　用梅葉擣汁，以水和浸，次用清水漂之。帶水鋪晒，未白再浸再晒。

洗羅絹衣　凡羅絹衣服，稍有垢膩，即摺置桶内，温皂角湯洗之。移時頻頻翻覆，且浸且拍，覺垢膩去盡，却别過〔五〕温湯又浸又浸拍〔六〕，不必展開，徑搭竹竿上，候滴盡方展開穿眼，候乾拍之。

治漆污衣　用油洗或以温湯略擺過，細嚼杏仁接洗，又擺之無迹。或先以麻油洗去，用皂角洗之亦妙。

治糞汙衣 埋土中一伏時取出洗之，則無穢氣。

練絹帛 先用釅桑灰或豆稭等灰，煮熟絹帛，次用猪胰練帛之法，伺〔七〕灰水大滚，下帛，須頻提轉，不可過熟，亦不可夾〔八〕生，若扭住不散，則帛方熟。○用胰法：以猪胰一具，同灰搗成餅，陰乾。用時，量帛多寡，剪用。稻草一莖，摺作四指長，搓湯浸帛。如無胰，瓜蔞去皮，將穰剁碎，入湯化開，浸帛亦可。

漿衣 用新松子去殼細研，以少水煮熟入漿内，或加木香同煮尤佳。凡漿以熟麪湯，調生豆粉爲之極好。若用白墡土灰〔九〕漿，垢膩易洗。

燻衣除虱 用百部、秦艽搗爲末，依焚香〔一〇〕樣，以竹籠覆蓋，放衣在上燻之，虱自落。若用二味煮湯洗衣，尤妙。

去蠅矢汙 凡巾帽上，取蟾酥一蜆殼許，用新汲水化開。净刷牙③，蘸水遍刷過，候乾，則蚊蠅自不作穢。或用大燈草成束捲定堅擦，其迹自去。

絡絲不亂 木槿葉揉汁浸絲，則不亂。

收氊物不蛀 用芫花末摻之；或用晒乾黄蒿布撒收捲，則不蛀。

收皮物不蛀 用芫花末摻之則不蛀；或以艾捲置甕内，泥封甕口亦可。

收翠花 用漢椒雜茱萸盒中收貯。收時防蟻；晒時防猫；若晒其羽則色昏。

洗玳瑁魚魫 以肥皂挼冷水洗，清水滌過，再用鹽水出色，最〔一〕忌熱水。

洗真珠 用乳浸一宿，次日以益母草燒灰淋汁，入麩少許，以絹袋盛珠，輕手揉洗，其色鮮明。忌近麝香，能昏珠色。○被油浸者，用鵓鴨糞〔二〕晒乾燒灰，熱湯澄汁，絹袋盛洗。○色焦赤者，以梔子皮熱湯浸水洗，研蘿蔔淹一宿，即白浄。○赤色者，以芭蕉水洗，兼浸一宿，潔白。○犯尸氣者，以一敏草煎汁，麩炭灰揉洗潔浄。

洗象牙等物 用阿膠水刷之，以水再滌。○又法：水煮木賊令軟，掇洗〔三〕，以甘草水滌之。○又法：煎盤貯水浸之，烈日中曬，候瑩白爲度。

煮骨作牙 取驢骨，用胡葱爛搗，著水和骨煮，勿令火歇，兩伏時，候骨軟，以細生布裹，用物壓實令堅，自如牙紋。

染木作花梨色 用蘇木濃煎汁，刷三次，後一次摻石灰在上。良久拭去，其紋如花梨。若梅木，只用水濕，以灰摻之。

刷紫斑竹 蘇木二兩剉碎，用水二十盞煎至一盞以下，去柤，入鐵漿三兩，同熬少時，以磁器或石器收，用時點之。

硬錫 凡錫器用硇砂、白砂、砒、鹽同煮，其硬如銀。

點鐵爲鋼 羊角、亂髮俱煅灰，細研，水調塗刀口，燒紅磨之。

磨鏡藥 鹿骨角燒灰，枯白礬、銀母砂共爲細末，等分和勻。先磨净，後用此藥磨光，則久不昏。

補瓷碗 先將瓷碗烘熱，用雞子清調石灰補之，甚牢。○又法：白芨一錢，石灰一錢，水調補。

補缸 缸有裂縫者，先用竹篾箍定，裂日中曬縫令乾，用瀝青火鎔，塗之，入縫内，令滿，更用火略烘塗開。水不滲漏，勝於油灰。

綴假山 生羊肝研爛和麪，綴石甚牢。

穿井 凡開井必用數大盆貯水置各處，俟夜氣明朗，觀所照星，何處最大而明，則地必有甘泉，試之屢驗。

去磚縫草〔一四〕 官桂末，補磚縫中，則草不生。

浸炭不爆 米泔浸炭一宿，架起令乾，燒之不爆。

留宿火 用好胡桃一個，燒半紅埋熱灰中，三日尚不燼。

造衣香 甘松、藿香、茴香、零陵香、各一兩，略焙。檀香、擣碎酒浸，蒸過焙乾。丁香，各半兩。共爲麄末，紙包近肉或枕中。放七日，入腦麝少許，則香透衣内。

作香餅 用堅硬木炭三斤杵〔一五〕細，黄丹、定粉、針砂、牙硝各半兩，入炭末。爛煮棗一升，去皮核，共拌勻作餅子，若棗肉少，以煮棗汁和之。一餅可燒一日。

煅爐炭 用松毛杉木燒灰，以稠米湯搜④和成劑。晒乾，煅紅取出，候冷再研細，依上和搜。再煅三四次，其白如雪，其體甚輕，置香爐中，養火不滅。

長明燈 雄黃、硫黃、乳香、瀝青、大麥麵〔一六〕、乾漆、胡蘆頭、牙硝等分爲末，漆和爲丸，如彈子大，穿一孔，用鐵線懸繫，陰乾。一丸可點一夜。

點書燈 用麻油炷燈不損目〔一七〕。每一斤入桐油二兩，則不燥，又辟鼠耗。若菜油，每斤入桐油三兩，以鹽少許置盞中，亦可省油。以生薑擦盞不生滓暈，以蘇木煎燈心晒乾，炷之無燼。

收書 於未梅雨前，晒極燥，頓橱櫃中。厚以紙糊門及小縫，令不通風，即不蒸。古人藏書，多用芸香辟蠹，即今〔一八〕之七里香是也。麝香亦可辟蠹，樟腦又佳。

收畫 未梅雨前，晒晾令燥，緊捲入匣，厚以紙糊縫。過梅月方開，則不蒸。匣須用楸梓杉桫之類，内不用漆。

背畫不瓦 用蘿蔔少許入糊，不瓦⑤。若入白礬、椒末、黄蠟，則鼠不侵。

造墨 清麻油十斤。先取三斤，以蘇木一兩半，宣黄連二兩半，杏仁二兩，搥碎同煎。候油變色，放温，濾去滓。傾入餘油，攪勻。隨盞大小，掘地作坑，深淺令與盞平。滿添油注燈，置坑内，以瓦盆子約面闊八九寸，底深三寸許者，覆之。仍用方寸瓦片，搘起三面，不可太高，又不可太低。每一炊久，即掃一度。只可〔一九〕作十盞，盞多則掃不徹。每取煙，須即剪燈花，勿抛油内，仍勿頻〔二〇〕揭，見風恐致煙落。○合膠，凡煙四兩，用黄牛皮乾膠一兩二分，打作小片，以水浸軟漉出，入藥汁内同熬。切忌膠少，少則不堅；多又著筆，不宜添減。○搜煙，每煙四兩半，用宣黄〔二一〕連半兩，蘇木四兩，各搥碎，水二盞同煎五七沸，候色變，用熟絹〔二二〕濾去浄。别同沉香一錢半，煎；留水四兩許，再濾。次用腦半錢，麝一錢，輕粉一錢半，以藥汁半合研化。先將藥汁入膠同熬，不住手攪令鎔後，入腦麝汁攪勻，乘熱傾入煙内，就無風處速搜和。次就案上團揉，候光照人，方印作鋌子。無⑥以滑石爲末，塗墨上灰池，頓無風處，窨五七日，候乾，取出刷浄收貯。

修壞墨 墨蒸過者，用爐灰燒過。却燒炭火於上，待灰〔二三〕熱，去火安墨，以灰蓋之。少時取出，如新。

收筆 搗薤汁或苦蕒汁蘸筆，晒乾又蘸，如此三五次，晒極乾，收過，則不蛀。○東坡以黄連煎湯，調輕粉蘸筆頭，候乾收之。山谷以蜀椒、黄柏煎湯，磨松煤染筆，藏之不蛀，尤佳。

洗筆 以器盛熱湯，浸一飯久，輕輕擺洗，次用冷水滌之。若有油膩，以皂角湯洗，甚佳。

修破硯　瀝青鎔開，調石屑補之，則無痕。或用黄蠟亦可。

洗硯　凡硯須日滌之。過二三日，即墨色差減；縱未能滌，亦須易水。春夏蒸温之時，墨久留其間，則膠力滯而不可用，尤宜頻滌。滌時不得用熱湯；亦不得用氈片故紙；唯蓮房枯炭最佳。端溪自有洗硯石，或挼皂角水洗之亦得。半夏切平洗硯，大去滯墨。

造印色　真麻油半兩許，入蓖麻子十數粒，搥碎。同煎，令黄黑色。去蓖麻皮，將油拌挼熟艾，令乾濕得所後，入銀硃，以色紅爲度。不須用帽紗生絹之類襯隔，自然不黏塞印文，又不生白醭，雖十年不爍。

調朱點書　銀朱入藤黄或白芨水研，則不落。

逡巡碑　用白芨、白礬各等分，細粉倍之。先研芨、礬細，後入粉再同研羅過，用好醋調如濃墨，寫字晾〔二四〕乾。用筆醮濃墨〔二五〕，滿紙塗之，再晾乾。然後去粉，用蠟打之，如碑上書者〔二六〕。

去差寫字　用蔓荆子、二錢。龍骨、一錢。柏子霜、半錢。定粉，少許。同爲末，先點水字上，次用藥末摻之，候乾拂之。

造油紙　訣云：「桐三油四不須煎，百粒蓖麻細細研，定粉一錢相合和，太陽一點便鮮妍。」用桐油三兩，香油四兩，蓖麻仁百粒，研極細，入定粉一錢相和，以柳枝頻攪後用鵝毛刷紙上，搥透晒乾，自然光明。

燒輕粉 明礬三斤，白鹽一斤，同篩過和勻，大漆盤盛之。以雞翎蘸米醋約小半盞，灑鹽、礬上，令微潤。安小口鉢頭中，用碗蓋定。先將竈鍋内以草灰鋪底，置鉢在内，再用草灰填滿四圍及頂，以烏盆蓋鍋，紙條封口，竈内燒火。覺烏盆底熱，住火。仍用炭火數塊塚⑦竈内，令常熱，次日開之，看藥黄色爲度。如未甚黄，再温一伏時，此謂「盦麯」。○每用「麯」二兩，安瓷碗内，火上略頓温，入汞一兩，鐵匙拌勻，不見星爲度。先用磚疊地爐一箇，四向留風門。爐内先以炭五斤燒紅，將净煎盤放爐上，急以鐵匙挑藥於中，烏盆蓋之，四邊用紙錢灰如稀糊，頻塗口縫，勿令坼裂。炭過一半，即將煎盤安地上，候冷開之，粉皆升於盤底，烏盆須磨極净。筆蘸白墡漿塗過尤妙。初升一爐末〔二七〕甚白，向後自白。每一盤，止可升汞一兩。炭須候一半過，即起，起早升未盡，遲則粉體重矣。

乾蜜法 地丁花、皂角花、百合花，共陰乾，等分爲末，黄蠟丸如彈子大，收之。每十斤蜜，砂鍋内煉沸滚，槌碎一丸在⑧蜜，候滚乾，滴在水内，如凝不散，成蠟，得三十兩。

祛寒法 用馬牙硝爲細末，唾調，塗手及面，則寒月迎風不冷。

護足法 用防風、細辛、草烏爲末，摻鞋底。若著靴，則水調塗足心；若草鞋，則水濕草鞋之底，沾上藥末，雖遠行不疼不研。

㶉脚方　凡女兒㶉脚軟足，先用瓶水煎杏仁、桑白皮訖，旋下朴硝、乳香，架足瓶口熏之，待水温便洗。

挹汗香　用丁香一兩爲末，川椒六十粒，碎和香内，絹袋盛佩，永絶汗氣。

除頭虱　用百部、梨蘆搗爲末，摻髮内擦揉動，虚綰起。待三二時，篦去，其虱皆死。

治壁虱　用蕎麥稈作薦可除；或蜈蚣萍曬乾，燒煙熏之。

辟蟻　凡器物，用肥皂湯洗抹布抹之，則蟻不敢上。

辟蠅　臘月内，取楝樹子濃煎汁，澄清，泥封藏之。用時，取出些少〔二八〕，先將抹布洗净，浸入楝汁内，扭乾，抹宴用什物，則蠅自去。

辟蚊蠹諸蟲　用鰻鱺魚乾，於室中燒之，蚊蟲皆化爲水。若熏氈物，斷蛀蟲。若置其骨於衣箱中，則斷蠹魚。若熏屋宅，免竹木生蛀，及殺白蟻之類。

治菜生蟲　用泥礬煎湯，候冷，灑〔二九〕之，蟲自死。

解魘魅　凡所房内〔三〇〕有魘魅，捉出者，不要放手；速以熱油煎之，次投火中。其匠人不死即病。○又法：起造房屋，於上梁之日，偷匠人六尺竿并墨斗，以木馬兩箇置一門外，東西相對。先以六尺竿横放木馬上，次將墨斗線横放竿上，不令匠知。上梁畢，令衆匠人跨過，如使魘魅者，則不敢跨。

逐鬼魅法 人家或有鬼怪，密用水一鍾，研雄黄一二錢。向東南桃枝，縛作一束，濡雄〔一二〕黄水洒之，則絶跡矣。所用物件，切忌婦女知之；有犯，再用新者。

祛狐狸法 妖狸能變形，惟千百年枯木能照之。可尋得年久枯木擊之，其形自見。

校記

〔一〕「粉」：嘉本作「衫」，依萬本改。

〔二〕「清」：萬本作「白」。

〔三〕「油」：嘉本原缺，依萬本補。

〔四〕萬本「洗」字後有「之」字。

〔五〕「過」：萬本作「用」，不如「過」字好。

〔六〕「浸拍」：萬本無「浸」字。

〔七〕「伺」：嘉本作「同」，依萬本改。

〔八〕「夾」：嘉本作「灰」，依萬本改。

〔九〕「灰」：萬本作「夾」。

〔一〇〕「焚香」：嘉本原作「樊香」，依萬本改。

〔一一〕「最」：嘉本誤作「再」，依萬本改。

〔一二〕「糞」：萬本作「骨」。

〔一三〕「掇洗」：萬本無「洗」字，多能鄙事作「擦之」。

〔一四〕「去」：嘉本、萬本均作「補」，依目録及正文文義改。「縫」字下萬本有「草」字，嘉本目録亦有「草」字，應補。

〔一五〕「杵」：嘉本作「梓」，依萬本改。

〔一六〕「麪」：嘉本作「麥」，依萬本改。

〔一七〕「目」：嘉本殘缺，依萬本補。

〔一八〕「令」：嘉本作「令」，依萬本改。

〔一九〕「可」：萬本譌作「打」。

〔二〇〕「仍勿頻」：嘉本漫漶，依萬本補。

〔二一〕「宣黄」：嘉本漫漶，依萬本補。

〔二二〕「熟絹」：嘉本漫漶，依萬本補。

〔二三〕「灰」：嘉本作「炭」，依萬本改。

〔二四〕「晾」：萬本作「眼」。

〔二五〕「墨」：嘉本作「默」，依萬本改。

〔二六〕「者」：萬本作「之」。

〔二七〕「未」：萬本作「末」。

〔二八〕「少」：嘉本作「水」，依萬本改。

〔二九〕「灑」：嘉本作「曬」，依萬本改。

〔三〇〕「内」：嘉本譌作「日」，依萬本改。

〔三一〕「雄」：萬本譌作「雌」。

注解

①「塺」：借作「黴」字用。

②「葛焦」：疑當作「蕉葛」。

③「牙」：疑「子」之譌。

④「搜」：借作「溲」。

⑤「瓦」：即撟轉如瓦形。

⑥「無」：疑「衍」字之譌。

⑦「塚」：疑「填」之譌。

⑧「在」：疑「和」或「入」字之譌。

跋

右便民圖纂一書，集厥天之時，地之理，而吾人者之事，最號極備；而又纂以歸其要，圖以示其事者，蓋深諭民於道者之意也。得而讀之者，當必因事以求其理，制外以養其中，順天因地，以升大猷，則吾民之命脉，可以壽天地於無窮矣！此爲可傳之書，雖家置一通可也。顧窮簷蔀屋，恐亦有未見者，矧此遐僻之鄉邪？予九川吕方伯先生，蓋鋭意於便民者。嘉靖丁亥八月，先生赴瓜期，值憲使歐陽三厓於曲靖行署，偶以是書出之觀，若意與之會者。先生愛之深，遂欲傳之廣，而亟付之梓焉，亦可謂用心於密者矣。意書固有可範，而人弗以傳者。固心私爾笥者也。君子者，公天下爲心，於凡書之可範者必傳，而傳之必欲博焉。雖涉多事，亦何遑恤？此刻行已，人亦當知三厓非私笥，而九川豈亦公天下者與？因書殿以識歲月。雲南右布政使湖南梅嵒黄昭道跋。

便民圖纂後跋

右便民圖纂二十卷，少岳陳公按潯，命刻之潯也；以貽所屬，俾不迷於所適云。嗟乎美哉！公之意也，切而廣矣。夫傳言者，貴裨於用；通治者，不遺於邇。秦人殘諸子百家語，而獨存醫卜之書，謂其利民也。使不并殘六經，秦何罪哉？圖纂之編，揭圖繫詞，分門指事，皆日用之不可缺者。其爲民利，又不但醫卜耳。然而少刻焉者。顧所刻，又多諸子百家語；士之聰慧者，得之亦足以洽知見，民生顓蒙，辭且不解，即解焉，亦無用之識耳。刻奚不可已哉？可已而不已，而不可已之刻，乃僅見於公。謂公非切生民之慮者乎。公之屬刻於貞吉也，語之曰：「正朔所不加，則人不知時；六經所不及，則人不知學。昔者滇也嘗刻是矣，吾有取焉爾，謂其開遠人之迷也。粵猶之滇，荒裔僻壤，墳典且少，而謂有是書乎？刻而布之，家傳而人誦之，則豈惟耕織之不忒，凡百利害，皆知趨避，民其有攸奠矣。聖天子詔予惠遠之意，庶亦不負矣！」貞吉曰：「廣覆之謂天，廣載之謂地，廣於宣力之謂臣，公豈非其人乎？」於是祇承而刻之，刻完而搴之。工價楮費，皆奉命以官，公蓋不以利民之爲而先損民也。嘉靖甲辰冬十月朔，廣西潯州府知府屬吏泰和王貞吉頓首撰。

萬曆本序

昔漢太子家令晁錯，紆籌計邊事，募民徙塞實廣虛，以威匈奴。先爲居室，置田具器，相其陰陽之和、流泉之味、土地之宜、草木之饒，使民樂其業，有長居心，無他使之也。上谷、雲中，壤接三輔，扆漢控胡，巍然西北重鎮，於今稱絶塞焉。虜款以來，烽燧無警者，二十餘年矣，完固阜殷，宜益倍曩昔。乃閈陌秏敝，罄懸杼倚。蒲嬴襏襫，不給於南畝；而庾黼韋複，告匱於北山。關以北，石田湫土，蕪穢污萊，無耕桑林澤之業。一切機利，悉倒制於借壤雁民。白登以西，計文讕滿、羼名規役，租積逋且萬計。尺伍執殳之夫，雕劫脱巾。單産孱民，飴堇荼，綀緼不銖於體。乃裔徼習呰窳，猥云輸財効力，彊腹殊共。籍令方内有數千里水旱之灾，大庾之金不輦於塞，林林寄生之衆，將安所哺啜褸裋，慰啼號哉？史遷有云：「貧富之道，莫之予奪，巧者有餘，拙者不足。」氾勝、齊民之術，顧安可置弗講也？鄺廷瑞氏便民圖纂，凡三卷，分類凡一十有一，列條凡八百六十有六。自樹藝、占法以及祈、涓之事，起居、調攝之節，蒭牧之宜，微瑣製造之事，捆摭該備，大要以衣食生人爲本，是故繪圖篇首，而附纂其後。歌咏嗟嘆，以勸勉服習其艱難。一切日用飲食治生之具，展卷臚列，無煩咨諏，所稱便民者，非耶？余玆付剞劂，俾雲、谷間家置一帙，寓家令意於氾勝、齊民之説，即裔徼﨑岷、石田敝土，脱也矱軌是書，飭三經而勤四體，然後穀畞數盆，一歲而再獲；然後瓜桃棗李果核，一本數以盆鼓；然後葷菜百蔌，以澤量；然後六畜禽獸，一切而剸車；然後麻葛繭絲之屬，不可勝衣；然後扁志兼味，祐藥禦祲，百索庶務，值事知物者，靡不時藏稱數。僻壤遐陬，鞠爲樂土，無賜爵、復役、授衣、廩食、徙置之煩，而邑里望助，廣虚完安，明收實塞之効，未必非是書便之也。雖然，是便民者也，非民所能自便者也。長民者衣食縣官，受若值而斁民事，不幾以穀耻乎？其務宣厥心力，以惠綏拊循若人。期會必審，毋奪時；徵發有度，毋盡力；約束有章，毋煩令。故曰：表地掩畞，刺草殖穀，農夫庶衆之事也；利齊百姓，使民不偷，將率之事也。農夫庶衆之事，圖纂既纚纚詳之矣，將率之事，長人者其勗諸！

萬曆癸巳，仲夏之望，青城于永清書於上谷之嘉樹軒。